全国高等职业教育园林类专业“十三五”规划教材

园林景观设计

主　编　竹　丽　房　黎
副主编　卢素英　常春丽

黄河水利出版社
·郑州·

内 容 提 要

本书是全国高等职业教育园林类专业“十三五”规划教材，全书分3章，内容包括地形要素设计、园路设计、园林建筑小品要素设计、园林植物造景设计、屋顶花园设计、私家庭院设计、居住区景观设计、城市道路景观设计、城市街头游园设计、城市广场景观设计和滨水风光带景观设计12个项目。每个项目都设置了案例实践操作部分和作业练习，可帮助学生更好地巩固学习该课程。本书侧重于理论与实践相结合的知识结构的构建，注重原创，突出案例和实训，在案例选择上突出创新和与时俱进，与市场接轨。在内容上力求继承与创新、全面与系统、实用与适用。

本书可作为园林工程技术、环境艺术、建筑工程技术、城市规划、园艺、林学等专业高等职业技术教育教学用书，也可作为园林、景观设计师、设计员的参考用书。

图书在版编目(CIP)数据

园林景观设计/竹丽，房黎主编．—郑州：黄河水利出版社，2016.4

全国高等职业教育园林类专业“十三五”规划教材

ISBN 978-7-5509-1415-5

Ⅰ.①园…　Ⅱ.①竹…　②房…　Ⅲ.①园林设计-景观设计-高等职业教育-教材　Ⅳ.①TU986.2

中国版本图书馆CIP数据核字(2016)第088234号

组稿编辑：李洪良　王志宽　电话：0371-66026352　66024331

出 版 社：黄河水利出版社

地址：河南省郑州市顺河路黄委会综合楼14层　　邮政编码：450003

发行单位：黄河水利出版社

发行部电话：0371-66026940、66020550、66028024、66022620(传真)

E-mail：hhslcbs@126.com

承印单位：郑州龙洋印务有限公司

开本：787 mm×1 092 mm　1/16

印张：15

字数：350千字　　印数：1—3 100

版次：2016年4月第1版　　印次：2016年4月第1次印刷

定价：32.00元

全国高等职业教育园林类专业“十三五”规划教材
编审委员会

出版说明

近年来，随着社会的进步和人们生活水平的提高，人类对生存环境的质量要求越来越高，园林作为生态环境建设的重要组成部分和提高人类生存环境质量的重要凭借手段，越来越受到环境决策者和建设者的重视，特别是在城市，生态园林建设已成为解决社会快速发展所带来的环境问题的主要方式之一，因而以服务和改造室内外环境为基本内容的园林专业也随之迅速发展，新观念、新技术不断涌现，社会对园林工程专业高端技能型人才的要求也不断提高。

为了配合全国高等职业教育园林类专业的教学改革与教材建设规划，按照国家对高等职业教育园林专业人才培养目标定位和市场对园林专业人才专业知识及实践技能的要求，在对现有园林工程专业教材出版情况进行深入调研并充分征求了各课程主讲老师意见的基础上，我社组织出版了这套"全国高等职业教育园林类专业'十三五'规划教材"。教材的编写立足于高起点、出精品，本着知识传授与能力培养并重的原则，以培养园林高级专业技术人才为目标，着重加强职业教育的技能培养特色，重点突出实验、实训教学环节。

本系列教材的编写和出版得到了全国多所园林类高等职业院校的大力支持，我们特别邀请了多所高等院校相关专业的老师对稿件进行了严格审查把关。正是由于他们的辛勤工作和无私奉献，才使得这些教材能够在最短的时间内付梓，并有效保证了教材的整体水平和质量。在此，对推进此次教材编写与出版工作的各院校领导、参编和审稿的老师表示衷心的感谢和诚挚的敬意。

诚然，人才的培养需要教育者长期坚持不懈的努力，好的教材也需要经过时间的考证和实践的检验。希望各院校在使用这些教材的过程中提出改进意见与建议，以便再版时不断修改和完善。

黄河水利出版社

前 言

园林景观设计是园林工程技术专业园林设计员、景观设计员职业岗位必需的职业能力之一。园林景观设计是园林工程技术专业的一门专业课程，其目的是培养学生具备从事园林设计项目过程中的方案设计的基本职业能力。学习本课程前已修完工程制图与识图、园林 CAD、园林设计基础等专业基础课程。

本书高度压缩了专业基础知识，在保证学生必须掌握的知识点基础上，把大量篇幅让位于图片对思维的启发与扩展上。

本书具有以下几个特点：

(1)体现以职业能力目标为导向，构建基于工作任务和工作过程的课程内容体系。本书在调研相关工作岗位能力要求的基础上，以岗位任务和工作过程为线索，以实际项目景观设计为载体，以任务实施为导向作为编写思想，突破了传统的以理论知识为线索的编写思路。

(2)体现以学生为主体的教学思想和实践教育思想。注重理论与实践相结合。本书通过整合职业岗位的工作任务中涉及的专业知识与技能，以实际的工程设计项目为载体，通过在真实的设计员岗位工作情景中来完成实际的工作任务，使学生通过与实际工程设计的接触、真实工作场景的体验，达到企业实际岗位的要求。改变以教师讲述为主体的传统教学模式，转变为教师引导、学生实践操作的以学生为主体的教、学、做一体的学习模式。

(3)本书内容充实，图文并茂。各项目和任务都有巩固训练，便于学生课后巩固提高。使学生在实际工作中锻炼动手能力，锻炼能够独立完成企业实际工作任务的能力，从而为今后的就业打下坚实的基础。

本书第一章项目一、第二章项目一、项目二和第三章由竹丽编写，第一章项目二、第二章项目五和项目六由卢素英编写，第一章项目三、第二章项目七和项目八由房黎编写，第一章项目四、第二章项目三和项目四由常春丽编写。主要工程图纸由竹丽、常春丽等绘制。本书图片一部分是出自园林公众号“秋凌景观学习网”“私家庭院”“筑龙景观”“生生景观”等。

在本书出版之际，特别感谢全国高职高专园林类专业规划教材编写指导委员会对本书编写团队的信任和支持，感谢长沙环境保护职业技术学院领导和黄河水利出版社的大力支持，感谢长沙环境保护职业技术学院许桂芳教授对本书的大力支持。本书在编写过程中还参考了其他文献资料及图片资料，在此谨向相关作者表示诚挚的谢意。

由于编者水平有限，书中难免有不足之处，请广大读者批评并提出宝贵意见。

作 者

2016 年 3 月

目　录

第一章　构园要素的设计与实训

项目一　地形要素设计

授课内容　地形要素设计理论基础与内容；地形要素设计实践操作；地形要素设计作业练习。

实训目的　掌握地形要素的作用、分类，各地形要素的特点和设计处理手法。

课题课时　4课时。

作业要求　灵活运用地形要素，合理组织环境空间，进行方案设计，并对方案进行表达与展示。

地形要素设计理论基础与内容

园林地形是人类风景的艺术概括。不同的地形、地貌反映出不同的景观特征，它影响着园林的布局和园林的风格。有了良好的地形地貌，才能产生良好的景观效果。因而，地形地貌就成了园林造景的基础。

自然风景类型甚多，有山岳、丘陵、草原、沙漠、江河湖海等景观，不一而足。但凡称得上自然风景的地形地貌必定是美的。在这样的地段上，只须稍加入人工点缀和润色，便能成为风景名胜。这就是“相地合宜，构园得体”和“自成天然之趣，不烦人工之事”的道理。由此可见选择园址的重要性。有了良好的自然条件可以因借，便能取得事半功倍的效果。但如果在自然条件贫乏的城市用地上造园，则须根据园林性质和规划要求，因地制宜、因情制宜地塑造地形，才能创造出风格新颖、多姿多彩的景观。

一、地形作用

（一）地形的骨架作用

山和水组成了全园的基本地形骨架，临水平台、园路、碧水、草坪四大色块相互协调，创造了诱人的、富于灵性的景观，如图1-1-1所示。

地形是构成园林景观的基本骨架。建筑、植物、落水等景观常常都以地形作为依托，如图1-1-2所示。

（二）有效地划分和组织园林空间

地形的起伏不仅丰富了园林景观，而且还创造了不同的视线条件、形成了不同性格的空间，如图1-1-3所示。

地形有凸地形和凹地形之分，它们在组织视线和创造空间上具有不同作用。

1. 凸地形

若地形比周围环境的地形高，则视线开阔，具有延伸性，空间呈发射状，此类地形称凸

图 1-1-1　地形骨架

(a) 地形作为植物景观的依托，地形的起伏产生了林冠线的变化

(b) 地形作为园林建筑的依托，能形成起伏跌宕的建筑立面和丰富的视线变化

(c) 地形作为纪念性内容气氛渲染的手段

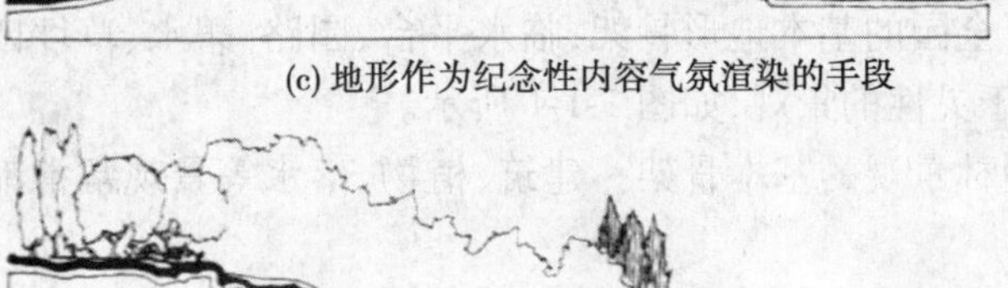

(d) 地形作为瀑布、山涧等园林水景的依托

图 1-1-2　地形的作用

图 1-1-3 充分利用地形，进行植物配置

地形。它一方面可组织成为观景之地，另一方面因地形高处的景物往往突出、明显，又可组织成为造景之地。另外，当高处的景物达到一定体量时还能产生一种控制感。如颐和园万寿山山腰上的佛香阁，在广阔的昆明湖的衬托之下形成的控制感，象征了所谓的至高无上的封建皇权，如图 1-1-4 所示。

图 1-1-4 颐和园万寿山上的佛香阁

2. 凹地形

若地形比周围环境的地形低，则视线通常较封闭，空间呈集聚性，此类地形称凹地形。凹地形的低凹处能聚集视线，可精心布置景物。凹地形坡面既可观景，也可布置景物。

3. 地形的挡与引

地形可用来阻挡视线、人的行为、噪声和冬季寒风等，但必须达到一定的体量。地形的挡与引应尽量利用现状地形，若现状地形不具备这种条件，则需权衡经济和造景的重要性后采取措施。

4. 地形高差和视线

若地形具有一定的高差，则能起到阻挡视线和分隔空间的作用。在设计中，如能使被分隔的空间产生对比或通过视线的屏蔽，安排令人意想不到的景观，就能够达到一定的艺术效果，如图 1-1-5 所示。

对于过渡段的地形高差，若能合理安排视线的挡引和景物的藏露，也能创造出有意义的过渡地形空间，如图 1-1-6 所示。

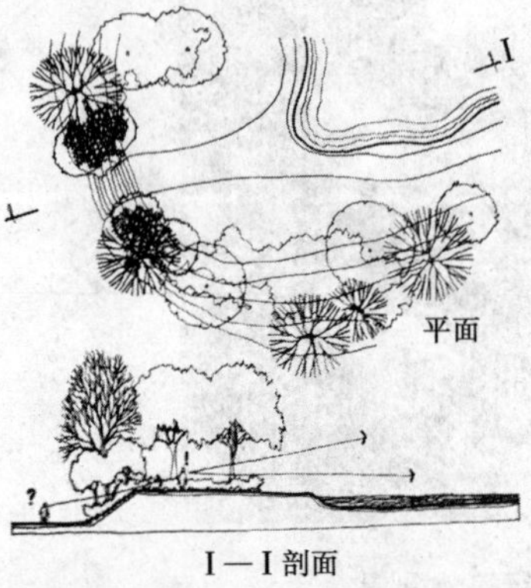

图 1-1-5　利用地形高差阻挡视线的景观

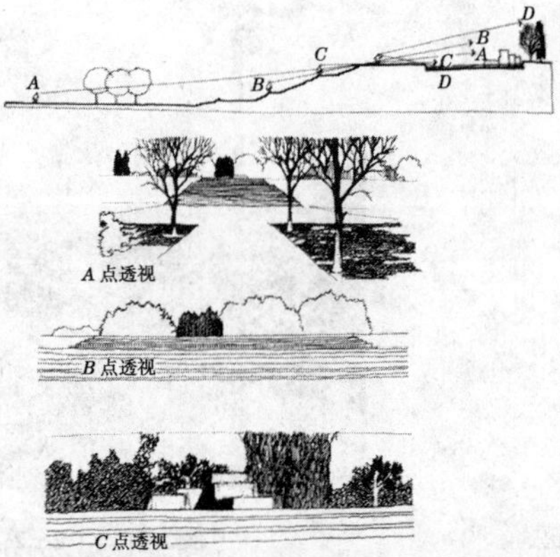

图 1-1-6　过渡段的地形高差与视线处理

5. 利用地形分隔空间

利用地形可以有效地、自然地划分空间，使之形成不同功能或景色特点的区域。若再借助于植物则能增加划分的效果和气势；利用地形划分空间应从功能、现状地形条件和造景几个方面考虑，它不仅是分隔空间的手段，还能获得空间大小对比的艺术效果。

6. 利用地形作背景

凸凹地形的坡面均可作为景物的背景，但应处理好地形与景物和视距之间的关系，尽量通过视距的控制保证景物和作为背景的地形之间有较好的构图关系，如图 1-1-7 所示。

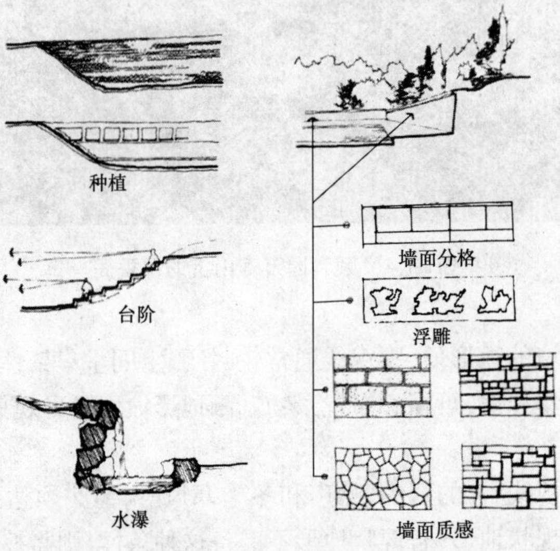

图 1-1-7　高差的处理手法

(三)地形造景

将构成地形的地面作为一种设计造型要素，发挥地形本身的景观作用，如图 1-1-8 ~

图 1-1-10 所示。

图 1-1-8　利用地形造景

图 1-1-9　广场中堆造地形

图 1-1-10　地形分割空间

另外，在利用地形几何形体造景的同时，还可融入一定的使用功能。例如张家界黄龙洞景区的音乐厅就是很好的例子，如图 1-1-11 所示。

图 1-1-11　张家界黄龙洞景区入口

二、园林地形处理手法

从园林范围来讲，地形包括土丘、台地、斜坡、溪涧、水池等，这类地形称"小地形"，起伏最小的称"微地形"。园林地形的处理包括平地、堆山、叠石、理水四个方面。

(一)平地

园林中所指的平地，实际上是具有一定坡度的缓坡地，其坡度一般为 0.5% ~5%，以利排水。园林中的平地大致有草地、集散广场、交通广场、建筑用地等。园林中保持一定比例的平地是很有必要的，可以用来接纳和疏散人群，组织各种文体活动，供游人游览和休息，造成开朗景观等，如图 1-1-12、图 1-1-13 所示。

图 1-1-12　某校园绿地

图 1-1-13　上海人民广场

(二)堆山

1. 园林微地形

园林微地形专指一定园林绿地范围内，植物种植地的起伏状况。在造园工程中，适宜的微地形处理有利于丰富造园要素、形成景观层次，实现加强园林艺术性和改善生态环境的目的，如图 1-1-14 所示。

自然是最好的景观，设计时应结合景观的自然地形、地势地貌，体现乡土风貌和地表特征，切实做到顺应自然、返璞归真、就地取材、追求天趣。

图 1-1-14　微地形景观

地形的高低、大小、比例、尺度、外观形态等方面的变化创造出丰富的地表特征，为景观变化提供了依托的基质。在较大场景中需要宽阔平坦的绿地、大型草坪或疏林草地，来展现宏伟壮观的场景；但在范围较小的场景中，可从水平和垂直二维空间打破整齐划一的感觉。通过适当的微地形处理，创造更多的层次和空间，以精、巧形成景观精华，如图 1-1-15 所示。

图 1-1-15　微地形处理创造了层次和空间

2. 园林台阶

园林台阶指连接有高差的地面或楼面的砌筑步级交通道。在园林设计中起到不同高程之间的连接作用和引导视线的作用,可丰富空间的层次感,尤其是高差较大的台阶会形成不同的近景和远景的效果。如图 1-1-16 ~ 图 1-1-19 所示为各种类型园林台阶。

图 1-1-16　不同材质形成的台阶,视觉效果也不一样

图 1-1-17　入口台阶

图 1-1-18　夸张的材质给人视觉冲击

图 1-1-19　粗犷的自然材质

台阶的设计要点：

(1)室内外台阶的坡度为 14°～27°(25%～50%)。

(2)户外台阶的宽度一般为 300～400 mm，高度一般为 100～150 mm。

(3)台阶踏面选用易滑材质时应作防滑处理。

(4)对于步数较多或者地基土质太差的台阶,可根据情况架空成钢筋混凝土台阶,以避免过多填土或产生不均匀沉降。

(5)低于 100 mm 的高差,不宜设置台阶,可以考虑做成坡道。

(6)台阶长度超过 3 m 或需改变方向的地方,应在中间设置休息平台,平台宽度应大于 1.2 m,台阶坡度一般控制在 1/4 ~1/7,并保持 1% 的排水坡度。

3. 园林斜坡

园林斜坡是指连接有高差地面的斜面交通道。低于 100 mm 的高差,不宜设置台阶,可以考虑做成坡道,如图 1-1-20、图 1-1-21 所示。

图 1-1-20　公共建筑出入口坡道

图 1-1-21　较长坡道设计

坡道的设计要点:

(1)坡道的坡度一般为 15°以下(27% 以下)。无障碍坡道坡度一般在 1∶12(8.5%)至 1∶8(12.5%)之间。

(2)住宅区和公共建筑的出入口附近应设置坡道,以方便残疾人的轮椅和婴儿车通行,不可忽略。

(3)酒店、医院等公共建筑门廊平台与广场之间应设行车坡道。

(三)叠石

叠石也称置石或理石,是以山石为材料作独立或附属性的造景布置,主要表现山石的个体美。叠石的方式有三种:特置、散置和群置,如图 1-1-22、图 1-1-23 所示。

(四)理水

中国园林素有“有山皆是园,无水不成园”之说,可见水在园林设计中的重要性。无论西方园林还是东方园林都很注重水的设计。

1. 水的形式

水可分为平静的水（见图 1-1-24）、流动的水、跌落的水（见图 1-1-25）和喷涌的水（见图 1-1-26）四种形式。

图 1-1-22　散置

图 1-1-23　特置（玉玲珑）

图 1-1-24　平静的水

2. 水体的尺度与比例

除自然形成的或已具规模的水体外，水景设计时要慎重考虑水体的尺度与比例。水体的尺度主要受限于水景设计的形式，表现主题与周围环境景观。一般情况下，应根据其功能和空间层次的需要来确定水体要素的尺度，使之与整体环境相协调。另外，还要考虑人与水体尺度的关系，水岸的高度、水体的深浅、水域的面积等都会影响人与水的亲近程度。

小尺度的水体亲切宜人，适合于宁静、不大的空间，如庭院、小花园（见图 1-1-27），大尺度的水体适合大面积的自然风景、城市公园和大型的城市空间或广场（见图 1-1-28）。

图 1-1-25　跌落的水

图 1-1-26　喷涌的水

3. 水的造景形式

水体常用的造景形式有水池（见图 1-1-29）、喷泉（见图 1-1-30）、瀑布（见图 1-1-31）、涌泉、水帘、水幕、叠水（见图 1-1-32）、溪涧（见图 1-1-33）及静水等。

图 1-1-27　小尺度的水景

图 1-1-28　大尺度的水景(北京园博会)

图 1-1-29　水池景观

图 1-1-30　喷泉

图 1-1-31　瀑布

图 1-1-32　叠水

图 1-1-33　溪涧

地形要素设计实践操作

案例一：湖南长沙凯怡名苑楼盘主入口地形设计

项目人行主入口高差 11 m，水平距离 80 m，地形较为复杂（见图 1-1-34）。

图 1-1-34　原始地形图

根据原始地形情况，为了满足人行主入口在景观上的要求，入口采用台阶 + 叠水 + 小型瀑布的形式设计，充分利用木平台、栏杆、置石和植物等元素，创造出美观实用的入口景观，如图 1-1-35、图 1-1-36 所示。

案例二：湖南长沙凯怡名苑楼盘水边绿地地形设计

高差 7 m，水平距离 67 m，如图 1-1-37 所示。

根据原始地形情况，采用绿地台阶 + 叠水 + 景石的形式设计，充分利用原有地形，设计出独特新颖的绿地景观，如图 1-1-38、图 1-1-39 所示。

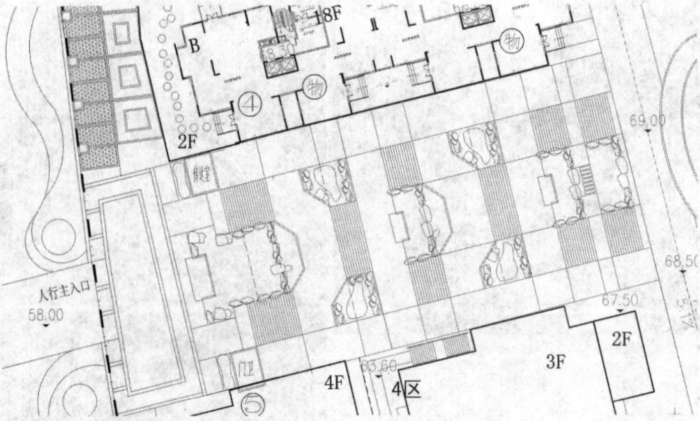

图 1-1-35　设计方案图

图 1-1-36　设计效果图

图 1-1-37　原始地形图

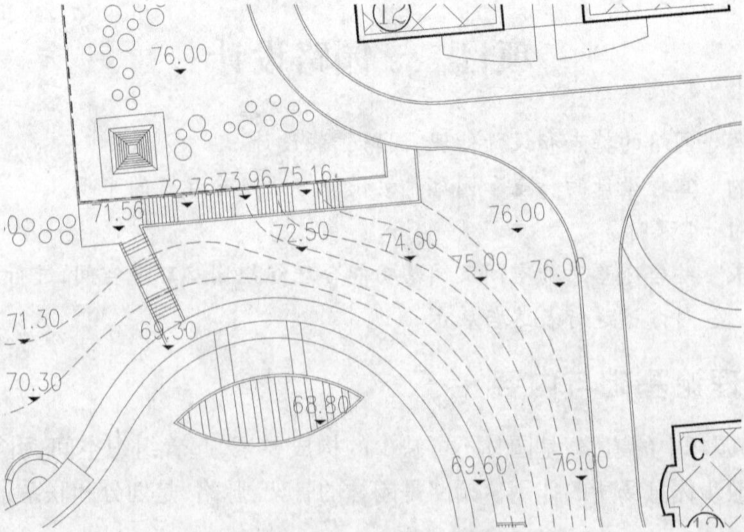

图 1-1-38　设计方案图

图 1-1-39　设计效果图

地形要素设计作业练习

作业:根据所给资料,合理设计地形景观,并绘制相应图纸,包括平面图、立面图和效果图。

项目资料:设计范围位于某一公共绿地内,面积大约 500 m^2,形状自定。要求以绿地为主,合理运用地形要素中的各元素,设计出两种不同的方案。

项目二　园路设计

授课内容　园路的特点和设计处理，园路铺装设计。

实训目的　掌握设计的特点和园路铺装设计方法及应注意的事项。

课题课时　4 课时。

作业要求　结合道路所处空间及园路功能合理组织园路环境空间，进行方案设计，并对方案进行表达与展示。

园路设计理论基础与内容

园路，即园林中的道路，是园林不可缺少的构成要素，起着组织空间、引导游览、连接交通和提供散步休息场所的作用。园路是园林的骨架、脉络，是划分和联系景区与景点的纽带。

一、园路设计的基本理论

（一）园路的类型

园林道路一般有 3 种类型：街道式（见图 1-2-1）、公路式（见图 1-2-2）、异型式（常用的有步石、汀步等，见图 1-2-3）。

图 1-2-1　街道式

图 1-2-2　公路式

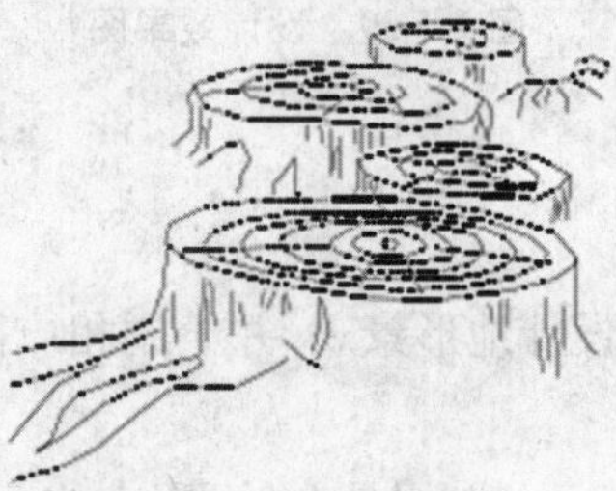

图 1-2-3　异型式

从使用功能的角度分，一般园林绿地的园路又可以分为以下几类：

(1)主要道路：能够联系全园，引导游人游赏园林景色，还需要考虑通行、生产、救护、消防、游览车辆等因素。宽度一般为 4 ~ 6 m，如图 1-2-4 所示。

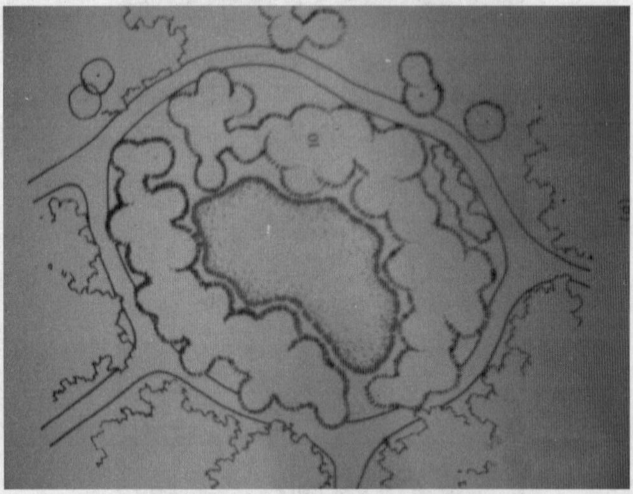

图 1-2-4 主园路环路设计案例

(2)次要道路：对主路起辅助作用，沟通各景点、建筑。宽度可根据预测的游人数量来考虑，一般为 2 ~ 4 m，如图 1-2-5 所示。

图 1-2-5 次要道路

(3)休闲小径、游步道：是深入到山间、水迹、林中、花丛中的小路，供人们漫步游赏，如图 1-2-6 所示。面层铺装应尽量与自然景致融为一体，使游人充分领略到大自然的美景。双人行走宽度为 1.2 ~ 1.5 m，单人行走宽度为 0.6 ~ 1.2 m。

(4)异型路（指步石、汀步、礓礤、台阶、磴道等），是指结合园林中其他造景元素如水面、草地、山体、沟渠等而设置的通道。宽度大小根据实际情况而定，如图 1-2-7 所示。

图 1-2-6　休闲小径

图 1-2-7　异型路案例

(二)园路的布局

1. 布局原则

园林道路的布局要从园林的使用功能出发,根据地形、地貌、风景点的分布和园务活动的需要综合考虑,统一规划,因地制宜,主次分明,有明确的方向性和指引性。

园路布置还应考虑到以下三个方面:

(1)回环性。园林中的路多为四通八达的环行路,游人从任何一点出发都能遍游全园,不走回头路。道路的疏密应适度,需结合园林的规模、性质等进行设计布置。

(2)因景得路。园路应讲求曲折性,随地形和景物而曲折起伏,若隐若现,“路因景曲,境因曲深”,造成“山重水复疑无路,柳暗花明又一村”的情趣,以丰富景观,延长游览路线,增加层次景深,活跃空间气氛,如图1-2-8所示。

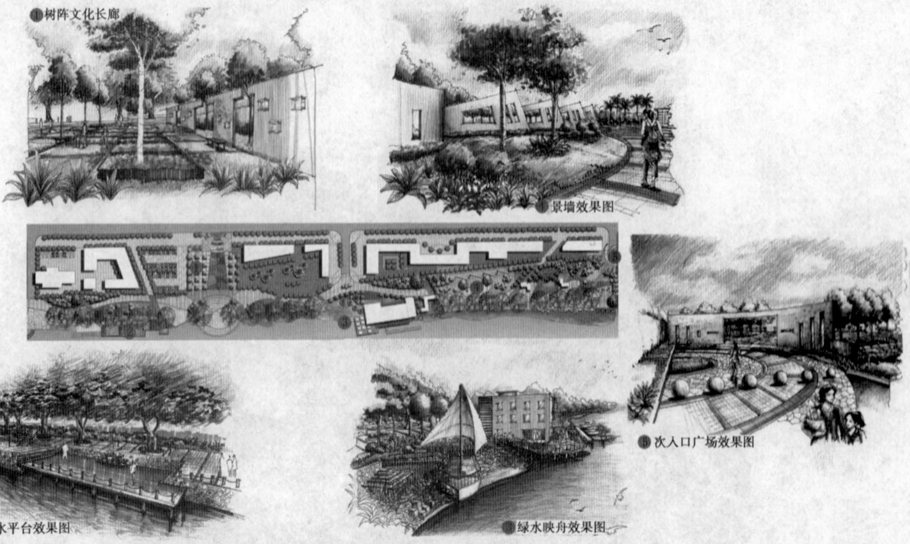

图1-2-8 曲折的道路营造丰富的景观层次

(3)多样性。园林道路的形式是多种多样的。在人流集聚的地方或在庭院内,路可以转化为场地;在林间或草坪中,路可以转化为步石或休息岛;遇到建筑,路可以转化为“廊”;遇山地,路可以转化为盘山道、磴道、石级;遇水面,路可以转化为桥、堤、汀步等。

2. 布局形式

园路布局形式一般有三种:

(1)自然式:中国传统园林中的主要布局形式,多用于以山水为中心的园林中,给人以自由顺畅之感。

(2)规则式:用于寺庙园林或纪念性园林中,园路呈规则对称布局,体现园林庄重严肃的氛围。

(3)混合式:指自然式与规则式相结合,这种布局形式可以削弱仅有一种形式的单一感,增强园路的可赏性。

二、园路规划设计

园路,无论是曲线、直线,都具有导向性、延伸感。直线有整齐、严谨、扩展的感觉,但较为呆板、单调;曲线优美、自然、充满运动感,有曲径通幽、让人产生寻觅的心理满足。

(一)尺度与密度

园路的尺度与密度应根据人流的密度客观、合理地设计。游人多的地方(如游乐场、公园主入口等)尺度和密度要大。

(二)线形设计

园路设计既要控制好合理、宜人的尺度关系,线形设计也是园路效果好坏的重要因素之一。在进行线形设计时,我们应该遵循"符合功能需要,因地制宜,具有美感,契合整体园林环境"的原则。线形设计还应根据实际环境的地形地貌,因地制宜地安排线路,要尽可能地利用原地形的起伏与分布情况,正确处理自然与人工对人的关系,如图 1-2-9 所示。

图 1-2-9 道路线形与整个公园景观的空间划分及美感相联系

三、园路的铺装设计

(一)铺装的功能

(1)现代人对景观空间的要求越来越高,已经从"简单浏览"向"可参与性"发展。人们不仅要求景观环境的优美,还要求在景观空间中进行体育、娱乐等活动。因此,在现代铺装设计中,还要根据场地的实际需要,在上面布置文娱器械等。这时的铺装不仅是交通道,同时还直接担当了活动场地的角色。

(2)保护景观环境,改善小气候。

随着透水透气性铺装材料的发展,道路铺地也参与了改善景观小气候的工作。特别是在地面植物的生长、吸收雨水、蓄养地下水流、减少热辐射、降低地表温度等方面,发挥了明显作用,如图 1-2-10、图 1-2-11 所示。

(3)担当造景元素。

在景观设计中,铺地与其他造景要素,如建筑、水体、山体、植物、小品等,一起参与景观的营造,共同构成完整的景观空间,如图 1-2-12 所示。

图 1-2-10　具有透气性的植草砖

图 1-2-11　具有透水透气性的中国传统建筑材料青砖

图 1-2-12　参与景观的营造

(二)铺装设计

1. 尺度设计

铺装块料的尺度合理与否,是园路效果好坏的最直接的体现。块料的大小、拼缝的设计都与路面和场地的尺度有着密切的关系。如较宽的道路或是大场地,其质地可粗糙些,纹样也不宜过细。而狭窄的道路和小场地则质地不宜过粗,纹样也可以精细些。如图 1-2-13所示。

图 1-2-13　不同材料、质感的组合

2. 色彩设计

色彩是园路的主要造型元素,合理地运用色彩,可以使路面充满活力,并能给人以视觉的享受和精神的愉悦,更可以丰富园林景观,如图 1-2-14 所示。

图 1-2-14　不同颜色的广场砖铺设而成的广场

3. 质感设计

园路的美还需要通过材料的质感来体现,如质地细腻光滑的材料给人以优雅之感,而质地粗糙、没有光泽感的材料则使人感觉粗犷豪放、朴实亲切。在表现园路的质感时,要充分利用材料本身所固有的特点和美感,花岗岩的粗犷、鹅卵石的滑润、青石板的质朴等,都能创造出不同的效果,如图 1-2-15 所示。

图 1-2-15　采用传统铺装材料（青砖）与现代材料的结合（不同质感），再现城市古典风貌

四、园路设计实践操作

案例一：北京中关村软件园中心区景观

中关村软件园中心绿地 D－G1 地块位于园区的核心，是软件园中面积最大、用地最为集中的绿地，如图 1-2-16 所示。该中心绿地的园路设计非常符合当今的信息社会，设计者将“数据”作为园路设计的基本思路，模仿数据信息的基本功能，通过各条电子线路送达各终端用户，并将整个世界连成一体。绿地中各种运动的线形交织在一起，每条线都代表不同的含义，有的为散步道，有的为光的轴线、水的流线，有的寓意为数据线。这些线

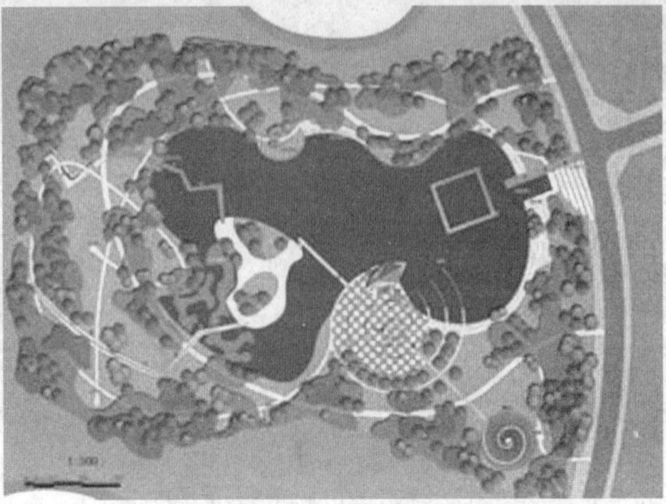

图 1-2-16　中关村软件园平面图

条中，有三条线最为突出，即水线、晶体线和数据线，它们将湖中小岛与岸边联系起来。

水线——由金属格栅和流水构成。“智者乐水”，水象征着智慧，代表着软件园中研发人员的高智慧。水由水槽落下，沿水渠曲折流入湖中，水渠上覆盖着金属格栅，与漂浮于水面的格栅桥相连，似闪电般折线形的水线充满力量感，如图 1-2-17 所示。

图 1-2-17　水线桥

晶体线——由玻璃光带构成，一条笔直的由玻璃铺装构建的光带线路形成晶莹的晶体线，如同计算机中的硅晶片，将湖中岛、桥、水面、数码平台、草地、道路、螺旋山连接起来，晶体线在水中为一座玻璃桥，如图 1-2-18 所示。

图 1-2-18　晶体线

数据线——由金属板构成，计算机程序以数据写出，绿地中用规划的数据线给予诠释，折线和曲线共同组成的数据线以压花不锈钢板铺装体现其特点，如图 1-2-19 所示。

图 1-2-19　数据线

中关村软件园的园路设计模仿电子数据信息的功能，结合铺装新材料的应用，创造出了符合园区特点的、与众不同的园路。

案例二：广东中山岐江公园园路设计

中山岐江公园位于广东省中山市区，园址是粤中造船厂旧址，总面积 11 hm^2。该设计借用现代西方环境主义、生态恢复及城市更新的思路，充分利用造船厂旧址的地形地貌，创造出了不同于传统园林的、吸取了现代西方景观设计的新颖的园林景观，如图 1-2-20

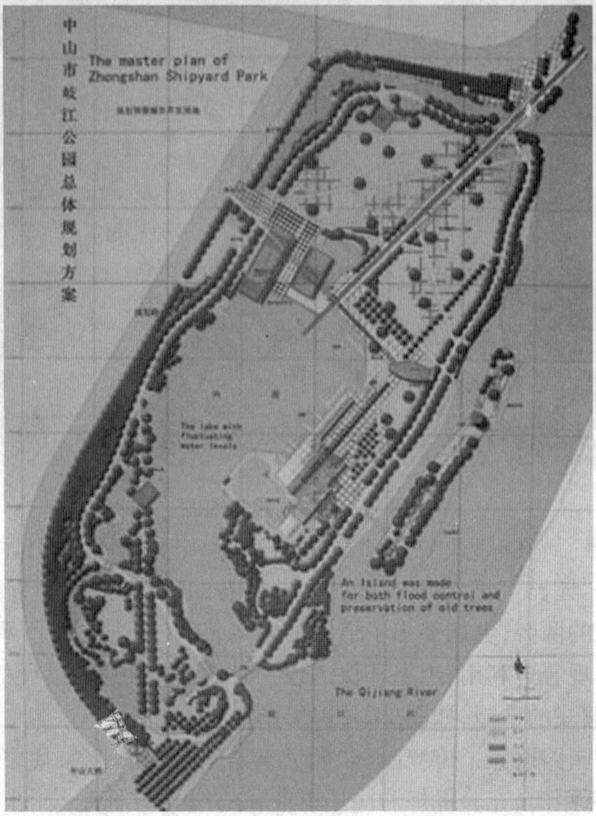

图 1-2-20　岐江公园平面图

所示。

园中道路以一主路贯通，满足消防及公园管理的行车要求，平时不通车。北部的步行道以两点间最短距离为原则，连接主要出入口和功能区，与传统造园手法极不相同，也不同于西方古典造园手法的视觉形式美原则，而是采用自由、高效而且简洁的具有“工业化”特征的直线路网，阡白陌黑，生动明朗，具有现代风格。南部为自然式、流线形道路系统，与北部形成对比。同时，也有一直线形道路横穿而过，与北部相呼应，如图 1-2-21 所示。

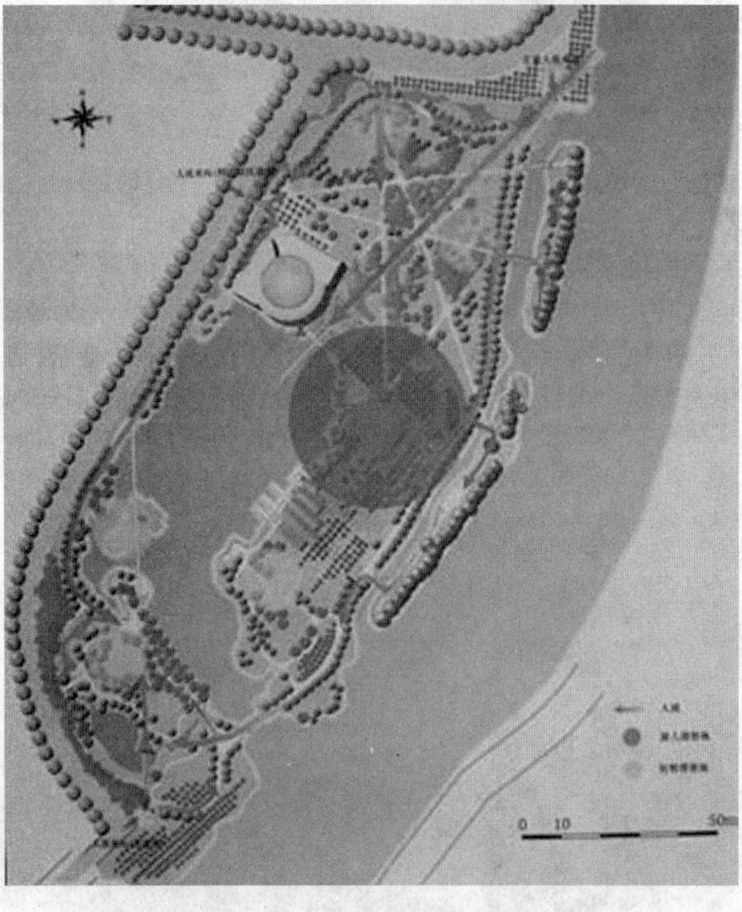

图 1-2-21　园路规划图

铁轨也是造船厂最具标志性的景观之一，设计中充分利用了旧址中这一元素，创造出了别具一格的一条“园路”：宽约 3 m、长 250 m 左右的铁轨，中间铺满了白色的卵石，茂盛的野草挺立在铁轨的两旁，更加突出了道路的方向感，如图 1-2-22 所示。

园中到处都体现着再利用、生态环保的设计理念，如用钢板铺设的栅格铺地，结合平地涌泉，构成儿童嬉戏的乐园，如图 1-2-23 所示。

岐江公园中的园路摒弃了传统园林“园无直路”的设计理念，代之以直线形的便捷步道，遵从两点间最近距离，充分提炼和应用工业化的线条与肌理，如图 1-2-24 所示。

图 1-2-22　铁轨路

图 1-2-23　钢板栅格

图 1-2-24　直线交叉的道路

园路设计作业练习

作业：某大学校园的教学区有块面积约为 5 000 m^2 的空地，拟建一个供师生休闲的绿地，自拟校园地点结合校园环境，合理设计园路线形，并结合周边环境及其功能、道路级别选用合适的铺装材料，并绘制相应图纸，包括平面图、剖面图。

项目三　园林建筑小品要素设计

授课内容　园林建筑小品要素设计理论基础与内容；园林建筑小品要素设计实践操作；园林建筑小品要素设计作业练习。

实训目的　掌握园林建筑小品要素的作用、分类，各园林建筑小品要素的特点和设计处理手法。

课题课时　4课时。

作业要求　灵活运用园林建筑小品要素，合理组织环境空间，进行方案设计，并对方案进行表达与展示。

园林建筑小品要素设计理论基础与内容

园林建筑小品是构成园林景观的重要要素之一，是园林的重要组成部分，与山、水、植物等造景要素一起有机结合，情景交融，构成优美的风景画卷，从而创造出丰富多彩、变化万千的园林景观。

园林美景的营造都离不开我们园林建筑小品的巧妙经营。这些园林建筑小品源于自然而高于自然，隐建筑物于山水之中，将自然美提升到又一更高境界。不论在中国古典园林或近现代园林绿地中，园林建筑小品都有其独特而积极的作用。

一、园林建筑小品概念

（一）园林建筑概念

园林建筑就是园林绿地中的建筑物或构筑物。

建筑物是指供人们在其中生产生活或进行其他活动的房屋或场所，例如学校、住宅、办公楼等，如图1-3-1所示。构筑物是指人们不在其中生产生活的建筑，例如纪念碑、水塔、烟囱等，如图1-3-2所示。

图1-3-1　园林建筑物——廊架

图1-3-2　园林构筑物——雕塑

(二)园林建筑小品概念

园林建筑小品是园林及园林建筑环境中构成的建筑要素,是指一种功能简单、体量小巧、造型别致、富有意境、极具特色的建筑构件或饰品,如图 1-3-3、图 1-3-4 所示。

图 1-3-3　园林建筑小品——提示牌

图 1-3-4　园林建筑小品——雕塑

二、园林建筑小品特点

园林建筑小品是一类独具特点的建筑,它既要满足建筑的使用功能要求,又要满足园林景观的造景赏景要求,还要与园林环境密切结合,与周围的自然环境融为一体。

(一)因地制宜,巧于因借,精在体宜

园林建筑在布局上,除考虑功能要求外,还要重视其风景观赏效应,要善于利用地形,结合自然环境,与山、水、植物互相配合,与自然融为一体,相得益彰,如图 1-3-5 所示。

图 1-3-5　洛阳白园乐天堂

精在体宜是园林空间与景物之间最基本的构图原则。园林建筑在体量上力求合宜、得体,要根据周围的环境确定其大小,如图 1-3-6、图 1-3-7所示。

(二)诗情画意,情景交融,抒发情趣

园林建筑应情景结合,抒发情趣,尤其在古典园林建筑中,建筑常与诗、画结合。诗、画对园林意境的描绘加强了建筑的感染力,达到情景交融、触景生情的境界,这是园林建筑的意境所在,如图 1-3-8、图 1-3-9 所示。

(三)空间处理,分隔联系,曲折变化

在园林建筑空间处理上,尽量避免轴线对称、整形布局,而力求曲折变化、参差错落,空间布局要灵活,忌呆板,追求空间流动,虚实穿插,互相渗透,如图 1-3-10、图 1-3-11 所示。

图 1-3-6　园林建筑小品景墙构图

图 1-3-7　园林建筑小品体量合宜

图 1-3-8　园林建筑小品的情景交融

图 1-3-9　园林建筑小品的诗情画意

图 1-3-10　园林建筑小品的空间变化

图 1-3-11　园林建筑小品的分隔联系

(四)造型优美,和谐统一,体现特色

园林建筑在造型上,更重视美观的要求,建筑体形、轮廓要有表现力,要能增加园林画面的美。一般而言,园林建筑在造型上,体量宜轻巧,形式宜活泼,力求简洁、明快,在室内与室外的交融中,宜通透有度,既便于与自然环境浑成一体,又取得功能与景观的有机统一,如图 1-3-12 所示。

图 1-3-12　园林建筑小品与周围环境的结合

(五)细部装饰,精巧装修,色彩淡雅

在细部装饰上,应有更精巧的装饰,既要增加建筑本身的美观,又要以装饰物来组织空间、组织画面,要通透,更要有层次,如常用的挂落、栏杆、漏窗、花格等,都是良好的装饰构件,如图 1-3-13、图 1-3-14 所示。

图 1-3-13　园林建筑小品的材质融合

图 1-3-14　园林建筑小品的细部装饰

三、园林建筑小品的功能及分类

有些人可能会把园林建筑和其他的建筑混为一谈,事实上,它们无论在情趣、构图原则、与环境的关系、空间处理及立体造型上都存在着极大的差异和彼此独特的风格。

(一)园林建筑的功能

园林建筑有两大功能:使用功能和园林景观功能。

1. 满足使用功能

园林绿地是改善、美化人们生活环境的境域和设施,也是供人们休息、游览和开展文化体育娱乐活动的场所。由于人们各种游园活动的需要,这就要求在园林绿地中设置相关的园林建筑,以满足人们的需求,如图1-3-15、图1-3-16所示。

图1-3-15　园凳

图1-3-16　廊桥

2. 满足景观要求

由于园林建筑位于园林绿地这个大环境中,园林绿地又具有观赏的功能,因此园林建筑还必须受园林景观要求的制约,主要表现在以下四个方面:

(1)点景,即点缀风景。

园林建筑位于园林绿地中,本身就是一道亮丽的风景,园林建筑与周围的自然风景融汇结合、相生成景。有的往往成为全园或局部景区的构图中心和主景,起控制作用。有的隐藏在花丛、树林之中,成为宜于近观的局部小景。有的则耸立在高山之巅,成为大自然的点睛之笔,可供人们登高远眺。因此,园林建筑在园林景观构图中,常具有画龙点睛的作用,以其优美的园林建筑形象与自然风景结合,刚柔相济,为园林景观增色生辉,如图1-3-17所示。

图1-3-17　园林建筑点景作用

(2)赏景,即观赏风景。

园林建筑除自身可以成为风景外,还有一个更重要的作用,就是以建筑作为观赏园内外景物的场所,这就是我们所说的观赏点。如北京颐和园的知春亭位于一个小岛上,临水而建,坐于亭中,可尽情地欣赏园内的湖光山色。北京景山山顶的亭子也是一个很好的观赏点,将故宫景色尽收眼底。一个单体建筑往往成为园景画面的静态观赏点。而一组建筑与游廊连接,往往成为动观园景全貌的观赏线,如图 1-3-18 所示。

图 1-3-18　园林建筑赏景

(3)引导游览路线。

园林游览路线虽然与园路的布局是分不开的,但二者不完全是一回事。园林游览路线比园路更能吸引游人,更具风景观赏效应。园林游览路线就是将景点串连起来,园林建筑本身就是景点,结合园路,引导游人的游览,如图 1-3-19 所示。

(4)组织园林空间。

园林设计中的空间组合和布局是一项重要的内容。园林建筑常以一系列空间的大小、方向等变化,通过起、承、转、开、合的巧妙安排,给人以艺术享受,使人们身处园林环境中,不会出现单调而重复的视觉感受,通过空间的丰富变化,激发游人的兴趣与好奇心,如图 1-3-20 所示。

图 1-3-19　建筑引导

图 1-3-20　组织空间

(二)园林建筑的分类

1. 按使用功能分类

(1)园林建筑(装饰)小品。以装饰美化园林环境为主,注重外观形象的艺术效果,兼有一定的使用功能。如园椅、园灯、景墙、花格、栏杆、漏窗、门洞、展览栏等。

(2)游憩性建筑。供游人休息、游览、观赏的建筑,有简单的使用功能,又要求优美的造型。如亭、廊、榭、轩、堂、楼、雕塑、景石、花架、舫等。

(3)服务性建筑。为游人提供生活服务,但也要注意艺术造型美观。如小卖部、茶室、餐馆、接待室、旅馆、厕所等。

(4)公用性建筑。如导游牌、停车场、存车处、供电及照明设施等。

(5)管理性建筑。用于园林管理。如公园大门、办公室、管理室、实验室、温室等。

(6)其他建筑。如动物园的兽舍、猴山。

2. 按园林建筑的性质分类

(1)传统园林建筑。亭、台、楼、阁、廊、榭、舫、厅、堂、馆、斋、塔等,如图 1-3-21、图 1-3-22 所示。

图 1-3-21　亭

图 1-3-22　塔

(2)现代园林建筑。

现代园林建筑的造型活泼,结构和材料多样,木结构、砖结构、钢筋混凝土结构广泛存在于各类园林绿地中。

随着社会的发展,新观念、新材料、新工艺、新技术的出现与运用,园林建筑也出现了许多新的类型,如折板顶、壳体、钢构架、张拉膜等,如图 1-3-23 ~ 图 1-3-25 所示。

图 1-3-23　钢板

图 1-3-24　木栏杆

图 1-3-25　植物景

3. 按地方特点分类

(1)北方建筑。

北方气候寒冷,墙厚,屋顶重,材料厚,外形浑厚稳重。

(2)南方建筑。

南方气候温暖,墙薄,屋顶轻,材料细,外形轻巧。

园林建筑小品要素设计实践操作

案例:清溪园照壁设计

清溪园坐落在风景优美的都江堰市离堆公园内,是离堆公园的园中园,该园占地 8 000多平方米,建成后成为川西最大的盆景园,见图 1-3-26。

进入园中,首先映入眼帘的是一青石照壁。照壁是中国古典园林尤其是小园入口处常用的手法,以此一则可分隔出一定的过渡空间,二则避免园内景色一览无遗。还可吸引游人注意,增加游玩兴致,形成曲折迂回的游览路线。照壁雕刻精美,做工细致。更为巧妙的是:设计中打破了一般的形式,在其中部留出一漏窗,使园内叠水景致如同镶上了一个素净的画框,可谓“无心画,无字诗”了。此一障一漏,匠心独运,取得了很好的效果。

如图 1-3-27、图 1-3-28 所示。

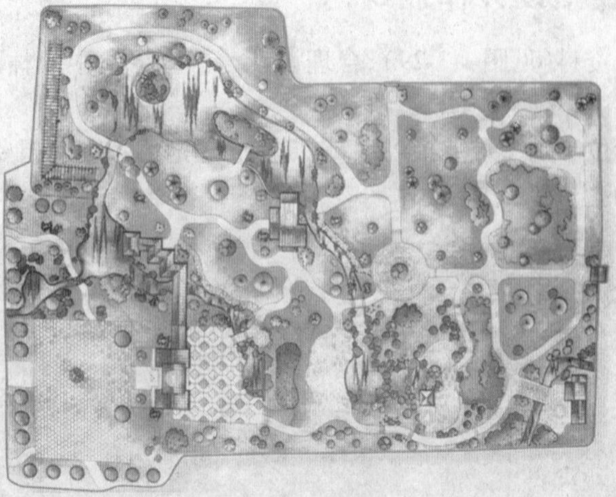

图 1-3-26　清溪园平面图

图 1-3-27　框景

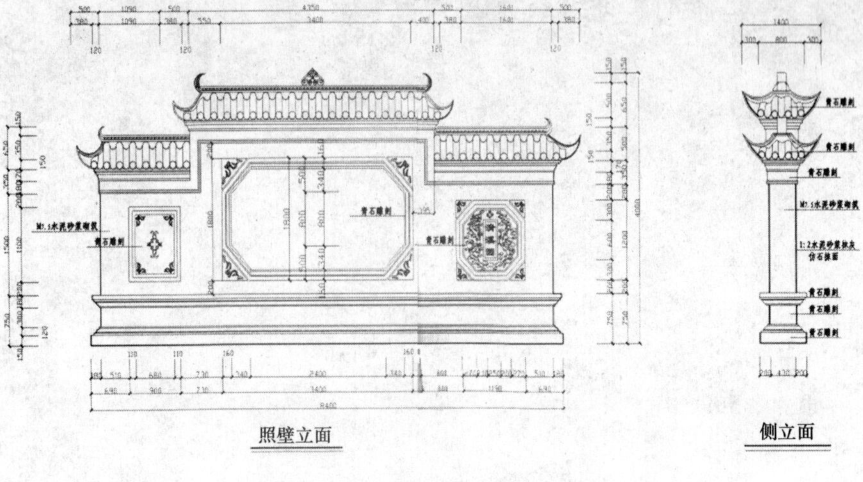

照壁立面　　侧立面

图 1-3-28　照壁立面图及侧立面图

园林建筑小品要素设计作业练习

作业:根据所给资料(见图 1-3-29),合理设计该别墅绿地中园林建筑——亭,并绘制相应图纸,包括平面图、立面图和效果图。

项目资料:设计位于别墅重点景观区域,要求合理运用各种造园要素设计出能满足使用者各种活动需要的方案。

图 1-3-29

项目四　植物造景设计

授课内容　植物造景设计理论基础与内容；植物造景设计实践操作；植物造景设计作业练习。

实训目的　掌握植物造景的种类、每个类别的特点和设计处理手法。

课题课时　4课时。

作业要求　灵活运用植物要素，合理组织植物群落，进行方案设计，并对方案进行表达与展示。

植物造景设计理论基础与内容

植物造景，就是运用乔木、灌木、藤本及草本植物等题材，通过艺术手法，充分发挥植物的形体、线条、色彩等自然美（也包括把植物整形修剪成一定形体）来创作植物景观，如图1-4-1所示。要创作完美的植物景观，必须具备科学性与艺术性两方面的高度统一，既满足植物与环境在生态适应上的统一，又要通过艺术构图原理体现出植物个体和群体的形式美，以及人们在欣赏时所产生的意境美，这是植物造景的一条基本原则。

图1-4-1　植物与自然地貌结合起来塑造的童话般的植物景观

续图 1-4-1

顺应自然，掌握自然植物群落的形成和发育，其种类、结构、层次和外貌等是搞好植物造景的基础，如图 1-4-2 所示。

图 1-4-2　根据结构、地貌创造的富有层次的植物景观

一、园林植物群落景观的种类

我国自然环境复杂多样，植物种类丰富多彩。在自然界，任何植物种都不是单独地生活，总有许多其他种的植物和它生活在一起。这些生长在一起的植物种，占据了一定的空间和面积，按照自己的规律生长发育、演变更新，并同环境发生相互作用，称为植物群落。按其形成可分自然群落及人工群落，如图 1-4-3 所示。

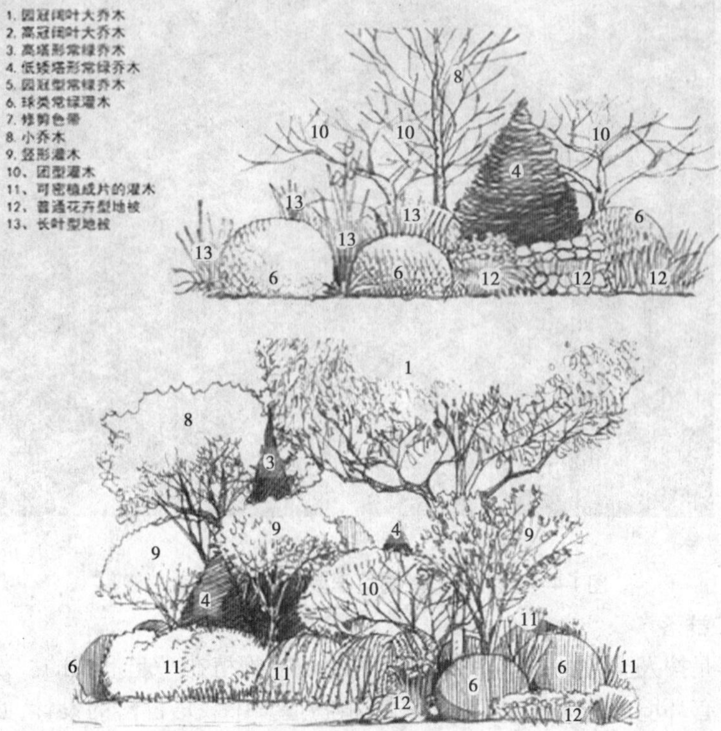

图 1-4-3　层次丰富的植物群落

（一）自然群落

自然群落是在长期的历史发育过程中，在不同的气候条件下及生境条件下自然形成的群落。各自然群落都有自己独特的种类、外貌、层次、结构。如西双版纳热带雨林群落，在其最小面积中往往有数百种植物，群落结构复杂，常有 6 ~ 7 个层次，林内大小藤本植物、附生植物丰富；而东北红松林群落的最小面积中仅有 40 种左右植物，群落结构简单，常具 2 ~ 3 个层次，如图 1-4-4 所示。

图 1-4-4　层次丰富，高达十多层的植物群落景观

（二）人工群落

人工群落是按人类需要，把同种或不同种的植物配植在一起形成的。是根据人们的生产、观赏、改善环境条件等需要而组成的。植物造景中栽培群落的设计，必须遵循自然群落的发展规律，并从丰富多彩的自然群落组成、结构中借鉴，才能在科学性、艺术性上获得成功，如图 1-4-5 所示。

图 1-4-5　仿造自然群落依山或临水创建的人工植物群落景观

二、园林植物群落景观营造的原则

（一）美学原则

植物景观中艺术性的创造极为细腻而且复杂，诗情画景的体现需借鉴绘画艺术原理及古典文学的运用，巧妙地充分利用植物的形体、线条、色彩、质地进行构图，并通过植物的季相及生命周期的变化，使之成为一幅活的动态构图，如图 1-4-6 所示。

图 1-4-6　色彩斑斓的植物表现出不同季相的景观

续图 1-4-6

(二)生态原则

任何一个植物群落的存在都需要一定的环境条件,因而每一个群落都有一定的分布区。园林植物群落营造中要注意保护生物多样性,对城市里留下来的自然植被、河涌、池塘及动植物区系都应该加以保护,维持已经建立的稳定的植物和动物区系,尽可能保存不同的生境条件,为特殊的种类提供生育地,还应尽量模拟自然植物群落,提高包括植物、动物和有益微生物在内的物种多样性,如图 1-4-7 所示。

图 1-4-7　草原植物群落景观和蜀南竹海植物景观

（三）文化性原则

作为园林文化的一个重要组成部分，当然也要体现出文化特色，在群落营造中，既要从色调上配合建筑景观的形象，还要应用好传统的文化树种，如图 1-4-8 所示。

图 1-4-8　蜀南竹海、苏州园林和滨海庭院植物景观

（四）以人为本原则

目前城市绿化中的绿地率、绿化覆盖率等指标往往不能真正体现出绿地的生态效益。在统计学上，大片草坪的绿地率很高，但不见得比大乔木下硬质铺地的绿化形式更符合城市人居的需要。而立体三维绿化能大幅增加城市的三维绿量，降温、除污、减噪效果显著，却不能纳入城市绿地的统计中。生态绿化不仅要提高绿地率，最主要的是提高绿地的叶面积指数。鉴于此，我们应尽量选用叶面积大、叶片宽厚、光合效率高的植物，提高群落光合效率，创造适宜的小气候环境，降低建筑物夏季降温和冬季保温的能耗，提高市民与自

然环境的连接感;选择耐污染和抗污染植物,能发挥绿地对污染物的吸附和同化作用,降低城市污染,促进城市生态平衡,如图 1-4-9 所示。

图 1-4-9　新建的建筑周围用全方位、大面积的植物景观覆盖

三、园林植物群落景观营造的措施与方法

(一)运用景观生态学方法,指导植物群落景观营造

景观生态(landscape ecology)和群落生态(community ecology)虽然是生态科学中不同尺度的研究范围,但景观生态学的理论和研究方法对于植物群落景观的营造仍有着重要的指导意义。景观是由斑块(patch)、廊道(corridor)和基质(matrix)组成的一系列生态过程和土地利用方式的镶嵌体。通过改造,使传统的文化景观和自然生态都得以保持与恢复,并从城市整体景观格局出发,在关键的城市节点处开辟新绿地,营造园林植物群落景观,如图 1-4-10、图 1-4-11 所示。

(二)借鉴地带性植物群落,模拟自然群落模式,实施群落的生态设计

对园林植物群落进行科学的生态设计,就需要我们园林工作者经常性地深入到大自然,拜大自然为师,探究自然植物群落的构造、了解植物的生态习性、模仿植物群落的生态过程,分析植物相生相克的化感机制,并多参考借鉴别人成功的范例,最大限度地实现植物群落的生态功能,如图 1-4-12 所示。

图 1-4-10　用与地板相同的材质做容器，将组合盆栽做成微观的植物群落与周边环境相协调

图 1-4-11　植物与石材、水体的有机结合形成富有生命的动感景观

图 1-4-12　模拟自然,将休憩环境置于植物景观之间,休闲之余得以更好地亲近自然

(三)注重园林植物群落景观营造中树种的选择

园林植物群落的树种配置,须符合适应本地气候环境、景观效果良好、满足不同绿地的生态功能、生长速度较快、对污染有足够的抗性、无明显公害或病虫害等条件。

(四)努力创建类型、功能多样化的城市园林植物群落景观

自然界中类型多样的植物群落维持了地球上生态系统的稳定与平衡,植物群落的多样性也是生物多样性的一个重要内容,是人类社会可持续发展的基础。另一方面,植物群落类型的多样化也是生态园林创造城市优美丰富景观的重要内容。要建设好一个园林植物群落,只有在充分了解各种观赏树木的特性及当地的自然生态环境基础上,遵循自然植物群落的规律,才能达到目的。自然植物群落的原理和规律的各个方面对人工观赏树木群落的建设都可以借鉴。如:植物群落与环境的统一,群落中种类成分的确定,群落的优势种、建群种的选择,群落外貌及季相的设计,群落层次的安排与树种选择,群落演替动态等方面的知识都可用在园林植物群落的营造和管理上,如图 1-4-13 所示。

图 1-4-13　与周边建筑融合在一起的植物群落景观

植物造景设计实践操作

案例一:秦皇岛汶源小区植物造景设计

项目地处华北平原,位于秦皇岛汶源小区内,图 1-4-14 为植物景观设计的一部分。

传统的植物造景定义为:利用乔木、灌木、藤本、草本植物来创造景观,并发挥植物的形体、线条、色彩等自然美,配置成一幅幅美丽动人的画面,供人们观赏。

(1)植物种植以乔、灌、花、草相结合为主,草坪塑造了小区绿茵盎然的基本背景,在草坪上点缀具有观赏性的高大乔木如玉兰、银杏等,辅以丛植的球状灌木和色彩鲜艳的花卉,高低错落、远近分明、疏密有致,丰富景观层次。

(2)植物种植平面与立体结合,居住区绿化已从平面转向立体与垂直绿化相结合,根据绿化位置不同,垂直绿化可分为围墙绿化、阳台绿化、屋顶绿化等;这样不仅可以增加居住区的绿化覆盖率,还可以使居民在小区活动中处处欣赏到生机盎然的植物景观,如图 1-4-15所示。

图 1-4-14　建筑前植物景观种植设计

图 1-4-15　成型的植物景观种植和景观意向效果图

(3)植物种植实用性与艺术观赏性相结合,追求构图、颜色等,形成绿点、绿面、绿带、绿廊等绿色景观,同时讲究和硬质景观的结合。草坪类地被植物与室外硬质铺地材料结合使用,形成独特的图案,作为小区景观的衬托和背景,如图 1-4-16 所示。

(4)通过植物的色彩组合、季相变化,创造出人们向往的优美意境。植物具有艺术美化、隐蔽围墙、拓展空间、笼罩景色、分隔与联系功能,起到装点山水、衬托建筑、点缀、渲染色彩、突出季节的作用,并且通过植物的风韵美,表现了不同的象征寓意,如图 1-4-17 所示。

案例二:广州省惠州东县平山镇中航维拉庄园植物造景设计

项目概况:项目位于广州省惠州东县平山镇近郊区,整个项目 13 万 m^2。项目用地自然资源丰富,环境优美,项目以山体、农田、果林、水库为主,碧水河依地块东侧盘旋而过。庄园植物造景设计如图 1-4-18 ~ 图 1-4-22 所示。

图 1-4-16　种植好的植物景观设计

图 1-4-17　小区景观意向效果

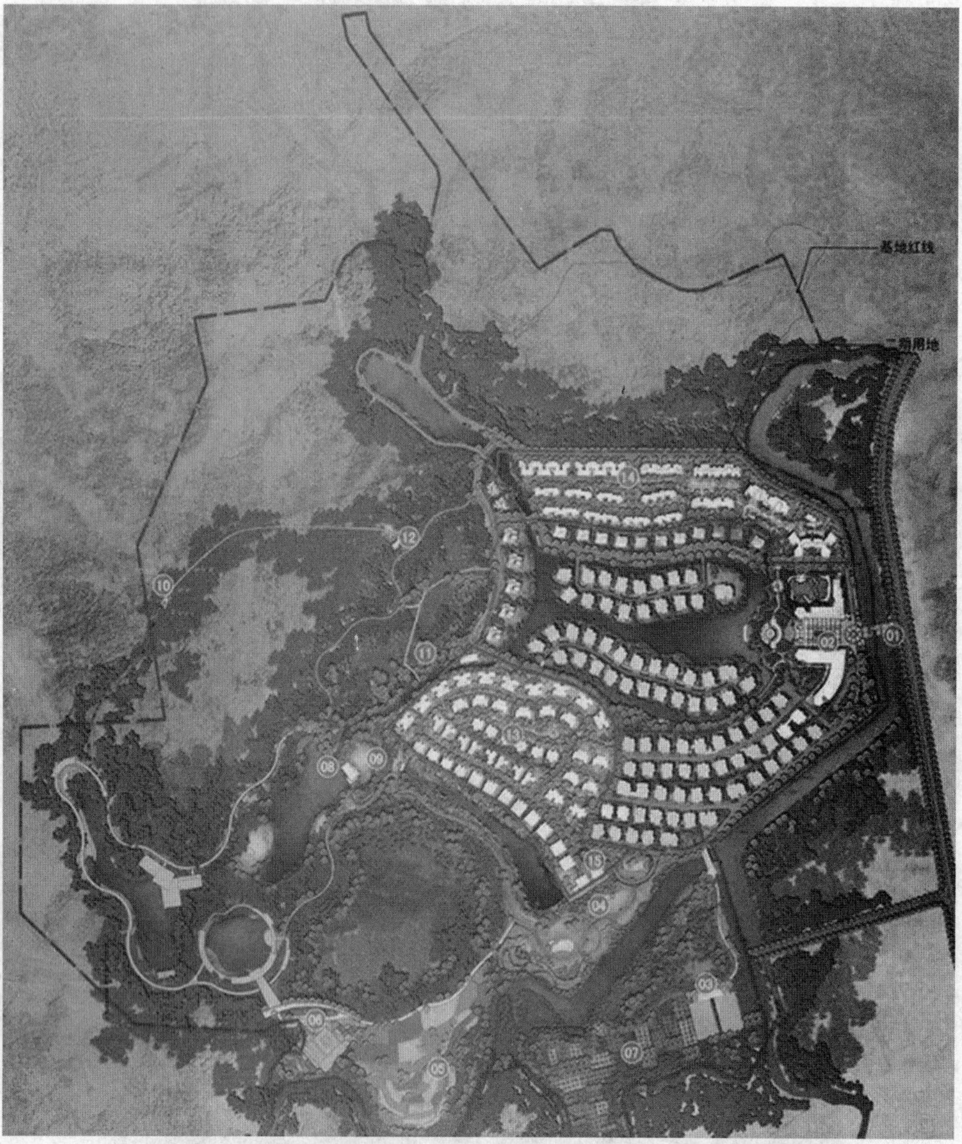

图 1-4-18　总平面图

图 1-4-19　园路设计

图 1-4-20　园林建筑设计

图 1-4-21　园林植物设计

图 1-4-22　园林小品设计

植物造景设计作业练习

作业：根据所给资料，合理设计植物景观，并绘制相应图纸，包括平面图、立面图和效果图。

项目资料：设计范围位于某一公园内，面积大约 500 m^2，形状自定。要求以植物景观为主，合理运用植物要素，设计出两种不同的方案。

第二章　项目设计与实训

项目一　屋顶花园景观设计与实训

授课内容　屋顶花园景观设计理论基础与内容；屋顶花园景观设计实践操作；屋顶花园景观设计作业练习。

实训目的　了解屋顶花园的结构，掌握屋顶花园设计要点和屋顶绿化植物的选择。

课题课时　6课时。

作业要求　灵活运用园林景观要素，合理组织环境空间，进行方案设计，并对方案进行表达与展示。

屋顶花园景观设计理论基础与内容

屋顶花园拥有地面花园所具备的一切优点，因此从某种程度上说，令人倍感舒适与惬意的屋顶花园可以称得上是地面花园的替代品。不仅能让建筑附近的居民受益匪浅，还可以为建筑的使用者提供空中花园、高质量的生活空间和便利的户外休闲场所，它更能将上千亩被人忽视的都市楼顶转化为有价值的园林。

从遮阳的休憩和餐饮空间，到停车场上方巨大的花园广场，都可以进行屋顶花园设计。利用藤架、抬高的种植池和遮阳篷；也可以布置盆栽阔叶植物、长椅座凳、雕像和各式各样铺地；或者增加一些水池或移动水体等水文要素，比如壁泉、瀑布、喷泉及喷雾，则花园会更加生动。

本节就屋顶花园常见形式、影响屋顶花园设计的主要因素、设计要素（例如植物、铺地、陈设、雕像等）等进行探讨。

一、屋顶花园常见形式

屋顶花园可以广泛地理解为在各类古今建筑物、构筑物、城围、桥梁（立交桥）等的屋顶、露台、天台、阳台或大型人工假山的山体上进行造园、种植树木花卉的统称。根据它们建造地点的不同可以分为以下几种：地下建筑物顶部、办公楼、旅馆、相连的平台、建筑物的边缘等。

（一）地下建筑物顶部

目前越来越多的屋顶花园以花园或露天广场的形式建造在地下建筑物的上方，如露天广场、地下商场、地下停车库及高密度的住宅小区地下停车场，如图2-1-1、图2-1-2所示。

图 2-1-1　长沙芙蓉广场，商场的顶部被设计成市民活动休闲的城市广场

图 2-1-2　重庆棕榈泉住宅小区，地下停车库的顶板被设计成小区中心花园

（二）办公楼

办公楼屋顶花园的建造地点多种多样，服务对象也不尽相同，一些花园带有门禁系统，只有公司高层行政人员才能使用，而其余的则可供全楼的工作人员和来访客人，甚至是大量的公众在此就餐、交流和休息，如图 2-1-3、图 2-1-4 所示。

图 2-1-3　办公楼裙楼楼顶设置屋顶花园，服务于公众，对外开放

（三）旅馆、酒店

它可以为户外花园提供空间，用来举办聚会、晚宴及其他社交活动，甚至可以举行室外婚礼，如图 2-1-5、图 2-1-6 所示。

二、屋顶花园种植结构

屋顶花园种植结构如图 2-1-7 所示。

（1）防水层：应先在屋面铺设 1～2 道耐水、耐腐蚀、耐霉烂的卷材（沥青防水卷材、合成高分子防水材料等）或涂料（如聚氨酯防水材料）作柔性防水层。

（2）阻根层：防水层上再铺一道具有足够耐根系穿透功能的聚乙烯土工膜、聚氯乙烯卷材作阻根层。

图 2-1-4　长沙科力远集团办公大楼，为公司员工提供交流平台

图 2-1-5　地处德克萨斯州圣安东尼奥的希尔顿酒店，在竣工 16 年之后，又在酒店门口的车道上方修建了屋顶花园，是客人休闲漫步和举行小型酒会的理想场所

(3)排水层：铺装保湿毯，保持营养基质水分；铺装蓄排水通气板，改善植物根部与基质的通气状况；施工完成后，应进行 24 h 蓄水检验，经检验无渗漏后，在其上再铺设排水层，排水层可用塑料排水板、橡胶排水板、PVC 排水管、陶粒、绿保石(粒径 3 ~ 6 cm，或粒径为 2 ~ 4 cm，厚度为 8 cm 以上的卵石)。

(4)过滤层：排水层上放置隔离层，其目的是将种植层中因下雨或浇水后多余的水及时通过过滤后排出去，以防植物烂根；同时也可将种植层介质保留下来，以免流失。隔离层可采用质量不低于 250 g/m² 聚酯纤维土工布或无纺布。

(5)种植层：最后，在隔离层上铺置种植层。种植层的土壤必须具有容量小、质量轻、

图 2-1-6　湖南湘润酒店屋顶，可以提供屋顶绿地婚礼

图 2-1-7　屋顶花园种植结构

疏松透气、保水保肥、适宜植物生长和清洁环保等性能。最好采用人工土壤。

三、影响屋顶花园设计的主要因素

（一）气候和小气候

对任何供人们使用和观赏的室外空间来说，气候和方向可能成为决定其成功与否的最主要因素之一。不过纵观国土大部分区域，没有任何一个地方的气候条件会恶劣到让人们全年都无法使用屋顶花园。

除地区性的气候差异外，景观设计师还必须考虑每个选址自身的小气候。肆无忌惮的疾风和冷风、灼热火辣的阳光、寒意阵阵的背阴处，所有这些不利因素都会使室外场地变得不舒适，从而影响到它们的使用，而通过仔细布局的植物、挡风玻璃及其他设计要素，将大大减弱这些不利条件的影响。

（二）阳光

一个理想的屋顶花园应该在任何时候都能够充满来自东面、南面或西面的阳光。朝北的屋顶虽然在炎热的季节里会给人们送来几丝阴凉，但是在大多数的日子里，它将是阴冷潮湿、光线暗淡、色彩昏暗的，而且这一状况几乎很难改变。除了坚定的太阳崇拜者或日光浴爱好者，很少有人会乐意在大热天的时候在阳光下呆上 10 来分钟，因此在屋顶花园的设计中，必须事先对阳光和阴影可能造成的后果进行细致的评定。

在树木种植不是很多的地方,树下的阴影就变得十分珍贵,它能够提供一个天篷,或者至少是由斑驳的树荫组成的遮阳伞。除树荫外,建造爬满攀缘植物的凉棚,造型各异的遮阳设施,也是另一种选择。还有一种解决办法则是在户外家具的上方安装遮阳伞,如图 2-1-8所示。

图 2-1-8　家具上方安装遮阳伞,可自由收放

即便是在那些不太炎热的地方,炫光也可能会成为另一个问题,在场地上设置的直接遮阳设施不能起到减弱炫光的作用,只能通过种植草坪、地被植物和灌木丛,或是在花园内铺设暗色混凝土等,这些常见的花园要素能够很好地吸收阳光,并能抵消附近建筑的反射表面所带来的不利影响。

(三)风

与地面花园一样,屋顶花园上的强风也可以减弱到一定程度。通常可以使用挡风板和防风墙来阻挡大风,它们的形式是多种多样的,这取决于所使用的材料。通过适当的设计,使这些挡风设施成为整个项目不可分割的一部分,从而使它们成为结构坚固、功能多样、景观优美的设计要素,如图 2-1-9 所示。

(四)建筑规范和高度限制

当人们要在一个屋顶上建造花园时,建筑规范要求必须有两个不同的出口,四周必须有高度不低于 110 cm 的栏杆、女儿墙或其他障碍物,而且它们的表面应该垂直于地面以防止儿童攀爬。屋顶花园通常创建在 12 层以下、40 m 高度以下的建筑物屋顶。

(五)建筑结构荷载的问题

现有的钢筋混凝土大楼通常都可以承受花园的重量,这些屋顶通常都能承受每平方米 1 220 ~ 1 465 kg 的荷载,这对于几乎所有的花园设计都是足够的。建造花园式屋顶绿化建筑净荷载应该每平方米不高于 300 kg。但一般在承重梁(墙)及现浇柱的上方可适当放宽限额,但每平方米不可高于 500 kg,而且必须征得甲方的同意。

(1)设计荷载大于 350 kg/m^2 的屋顶,根据荷载大小,除种植地被、花灌木外,可以适当选择种植小乔木。如大乔木、山石、亭、梁、花架等放置在梁、柱和承重墙等主要承重结构上。

图 2-1-9　采用模板装饰挡风墙，与地面铺装相呼应，形成简洁大气的空间

（2）设计荷载在 200～350 kg/m^2 以内的屋顶，根据荷载大小，栽植植物以草坪、地被植物和小灌木为主，也可由苔藓和禾草组成，还可以种植肉质植物（如景天属）等，如图 2-1-10 所示。

图 2-1-10　以草地为主的简易屋顶花园

（3）设计荷载 200 kg/m^2 以下的屋顶不宜进行屋顶绿化。

（六）屋顶花园防水处理

（1）屋面加砌花台、花架、水池和安装管线等施工活动，均不得打开和破坏原屋面防水层。

（2）在进行屋顶绿化施工时，首先在原屋面增加一层柔性防水层，且按相关技术规范操作。

（3）屋面进行两次闭水试验以确保防水质量，第一次在屋顶绿化施工前进行，第二次在绿化种植前，每次闭水时间不小于 72 h。

（七）屋顶花园排水处理

（1）设置完善的排水系统，种植层下必须设置过滤层、排水层，种植面层应保持排水的坡度,保证排水畅通,如图 2-1-11 所示。

(2)砌筑花台不能利用女儿墙为其边,应根据排水槽宽度间隔一定距离,一般间隔距离 20 cm,材料应选用轻质材料。

图 2-1-11　先进屋顶绿化系统的工作原理

(八)屋顶花园阻根层处理

植物根有很强的穿刺能力,特别是树根,年代越久,扎得越深,并且分泌一种腐蚀力强的液汁,许多防水材料经受不住。目前我国防水材料中可以入选的有三种:

(1)铝合金卷材,厚 0.8 ~ 1.2 mm,耐腐蚀,防水性能好,焊接施工,耐久性好。

(2)高密度聚乙烯和低密度聚乙烯土工膜,厚为 1 ~ 1.5 mm,焊接合缝。

(3)聚氯乙烯,焊接施工,厚度 1.2 ~ 1.5 mm。

(九)屋顶花园种植土处理

屋顶绿化专用的土壤也出现了很多种,比如:腐殖土加入陶粒、火山岩土壤等。原则上都是使用轻质的人工基质加入一些直径在 5 ~ 8 mm 的轻质颗粒物,比如常见的黏土砖破碎的颗粒、蛭石、膨胀珍珠岩、硅藻土颗粒等,目的就是增加基质层中的空隙率,加快水的渗透速度,同时减轻荷载。可以用野外的田土,也可以用生土,掺加动物粪便、草木灰、切碎杂草、树叶糠、珍珠岩、蛭石等混合。

土层厚度依植物而定。草坪:15 ~ 20 cm,小灌木:30 cm,大灌木:50 cm,乔木:80 cm 以上,如图 2-1-12 所示。

四、屋顶花园设计要素

屋顶花园中可以使用的设计要素的种类是没有限制的,只要能想到的,都可以实现。地面花园可以使用的一切要素几乎都可以用于屋顶花园。

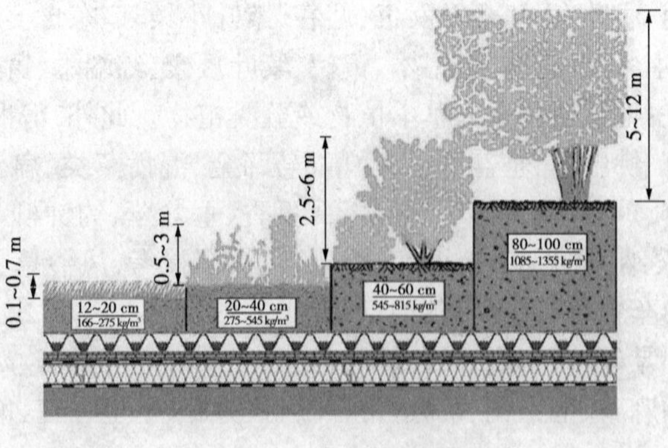

图 2-1-12　种植层结构

(一)植物

1. 选择原则

植物根系:屋顶绿化的土层相对要薄,因此最好使用须根较多、水平根系发达的植物,以适应土层浅薄的要求,如观赏草、地被植物、灌木等,尽量减少使用高大的、有主根的乔木。土层厚度要控制在最低限度,一般地被植物栽培土深 16 cm 左右;灌木深 40 ~ 50 cm;乔木深 75 ~ 80 cm。同时,考虑到屋顶的负荷量有限,若要使用重量较大的乔木,种植位置应设计在承重柱和主墙所在的位置,而不要种在屋面板上。

风力:风力与地面相比,屋顶花园往往垂直海拔较高,所以风力大,特别是高层楼顶风力很大,所种植物应具有枝叶低矮或固着性好的特点。加上屋顶种植土多采用轻质材料,所以高大乔木的抗风能力明显地弱于地面上,因此要采取加固措施,以利于植物的正常生长,且树冠不宜过大,树体应较矮。

水分:屋顶种植层不存在植物通过毛细现象来利用土壤深层水的问题,全靠短暂的人工灌溉及自然降水,因此植物必须耐干旱。为了较长久地维持种植层中的含水量,屋顶绿化经常使用保水性能好的栽培基质。在这样的环境下,常造成浇水后或大雨后的一段时间内土壤湿度较大,因而植物要选择耐短期积水的品种。

温度和光照:夏季屋顶因没有物体为其遮挡阳光,加之环境相对干燥而造成炎热;冬季屋顶因无物体为其遮挡和抵御寒风而导致了更加寒冷的小环境,所以应选择既耐热又耐寒,适应性较强的植物。屋顶的光照时间长、强度大,应选择喜光的植物品种。

场地大小:由于屋顶绿化场地狭小,在选用植物时,应切实估算其生长速度及充分成长后所需时间和面积,以便确定栽植距离。选择生长缓慢、耐修剪的品种,可以节省养护管理费用,省时省工。

2. 常用植物品种

小乔木:常作中心景物,可以欣赏树形、枝叶、树姿,或观果的小乔木。主要有玉兰、龙柏、龙爪槐、紫叶李、樱花、垂枝榆、红枫、木芙蓉、天竺桂、桂花、棕榈、蒲葵、紫薇、垂丝海棠、罗汉松、小型果树类等。

花灌木:许多用于露地绿化的花灌木都可以用于屋顶绿化。南天竹、紫荆、丝兰、栀子花、十大功劳、洒金珊瑚、蜡梅、贴梗海棠、红继木、木槿、石楠、冬青、四季桂、榆叶梅、火棘、杜鹃、花石榴、黄花槐、小叶女贞、金叶女贞、迎春、紫叶小檗、广东含笑、伞房决明、海桐、山茶花、茶梅、月季、矮生紫薇、连翘、金银木、黄栌、紫叶矮樱、红端木、黄刺玫、海州常山等。

地被及宿根花卉:地被植物多为草本植物或蕨类植物。此外,宿根植物很多是地被覆盖的好品种。结缕草、佛甲草、垂盆草、三叶草、马蹄金、混播草类、扁竹根、麦冬、肾蕨、鼠尾草、紫菀、常夏石竹、薰衣草、吉祥草、蓍草、百里香、垂盆草、钓钟柳、火炬花、三七景天、金鸡菊 、蛇鞭菊、婆婆纳、月见草、松果菊、萱草、宿根福禄考、风铃草、一枝黄花、落新妇、千屈菜、红叶景天、白车轴草、鸢尾等各种草花等。

竹类:凤尾竹、小琴丝竹、小观音竹、佛肚竹。

藤本:地锦类、油麻藤、金银花、紫藤、常春藤、扶芳藤、七里香、三角梅、蔷薇、葡萄。

(二)种植容器

罐、桶和盒子等植物容器普遍应用于平台、阳台和走廊上,它可以突出植物,将其作为设计亮点,也可以作为色彩丰富的一年生花卉植物的临时安身之所,而在不开花的季节,也可以种植开花灌木和树木,作为漂亮的结构元素,如图 2-1-13 ~ 图 2-1-15 所示。

图 2-1-13　陶罐材质可以长时间保持颜色不变

图 2-1-14　防腐处理的木质材料简洁自然

图 2-1-15　聚苯乙烯容器应用广泛

(三)地面铺装

虽然屋顶花园的硬质铺装和地面花园所起的作用是相似的,但至少有两个方面需要特别的关注。一方面是屋顶花园往往易被邻近的高楼里的人们所看见,因此铺装的外观就显得格外重要;另一方面由于这样的人工环境中缺少大树,如果人们坐在阳光直射的区域,铺装地面将反射炫光,引起人们的不适,因此材料的选择尤其重要。而可以选择的不反射的路面材料的品种是很多的,从深红色混凝土到小块的瓷砖和各种砖,带有深色外露骨料的彩色混凝土、切割过的扁平天然石材(麻石)、花岗岩、砂岩等,如图 2-1-16 所示。

图 2-1-16　以青砖和砂岩为主的屋顶铺装

在选择铺装材料时,必须考虑运输问题,特别是那些建在现有建筑物上的屋顶花园,可以充分利用电梯而不是独立的运输工具,当然,对于正在建设中的建筑,可以很方便地使用起重机和室外电梯。

(四)家具

对于面向公众开放的屋顶花园,应该很好地进行家具布置,使人们使用起来尽可能地舒适。而酒店的屋顶花园,虽然进出有一定的限制,但是大都布置了很好的家具,给客人带来更多的享受。

家具应该能够承受天气的变化,以便在温暖的季节可以把它们放在花园里。塑钢或铝制框架都是极好的选择,花园里摆放 1 m 见方的桌子,加上四把椅子,在阳光普照的区域,还必须准备遮阳伞。如果花园里只提供了固定的长椅,那么一定要有扶手,同时还要有用木材或弹性金属制造的椅背。所有这些都会极大地增加这座花园给人们带来的享受,如图 2-1-17 ~ 图 2-1-19 所示。

图 2-1-17　摆放的家具为客人提供休憩的空间

图 2-1-18　室内家具摆放增加生活气息

图 2-1-19　木质桌椅遮阳休憩

(五)水景

在屋顶花园上使用水时,限制因素是重量和强风。虽然平坦宽阔的水面不受强风的影响,但喷泉和喷雾却可能造成问题,也许会造成种植区水的泛滥或在铺地上形成污水坑。为了解决这个问题,可以安装风力感应器,在风速达到特定值时将喷泉关闭。或者设计挡风设施,也可将水景设置在背风区。除考虑风的因素外,还有建筑承重,因此屋顶水景一般设置 5 ~ 15 cm 的深度,再添加使用小型喷头或一个瀑布、喷泉,就可以在宁静的水面造成涟漪点点的效果,如图 2-1-20 ~ 图 2-1-22 所示。

图 2-1-20　简易的组合水

图 2-1-21　利用景墙跌落的水景

图 2-1-22　吐水兽表现水的动态美

(六)亭子、花架等构筑物

与地面花园一样,构筑物是屋顶花园设计的又一个重要表现,它们作为设计的重点,还可以提供视觉上的趣味性。比如,如果在休息区有一个爬满葡萄藤的架子,将会令人更加难忘,将小型结构放在路的尽头或者视线交会处,将带来特别的效果。当这些要素被作为花园的核心要素来设计时,它们将带来更多的内涵,它们完全成为花园的视觉和活动中心,如图 2-1-23 ~ 图 2-1-25 所示。

图 2-1-23　路的尽头设置小型构筑物

图 2-1-24　爬满植物的廊架

图 2-1-25　轻质铝材 + 钢化玻璃构筑的阳光房与外面花园融为一体

屋顶花园景观设计实践操作

案例一:湖南科力远新能源股份有限公司办公大楼屋顶花园方案设计

项目位于湖南长沙高新区,设计区域是九层办公大楼楼顶,设计面积约为 1 400 m^2,主要为办公区域工作人员及来访贵宾提供一个休闲娱乐的自然空间,由于服务对象层次较高,设计以“接近自然,回归自然”作为设计法则,贯穿于整个设计与建造中。在有限的空间利用自然、师法自然,寻求人与建筑小品、山水、植物之间的和谐共处,使环境融于自然,达到人与自然的和谐,如图 2-1-26 ~ 图 2-1-29 所示。

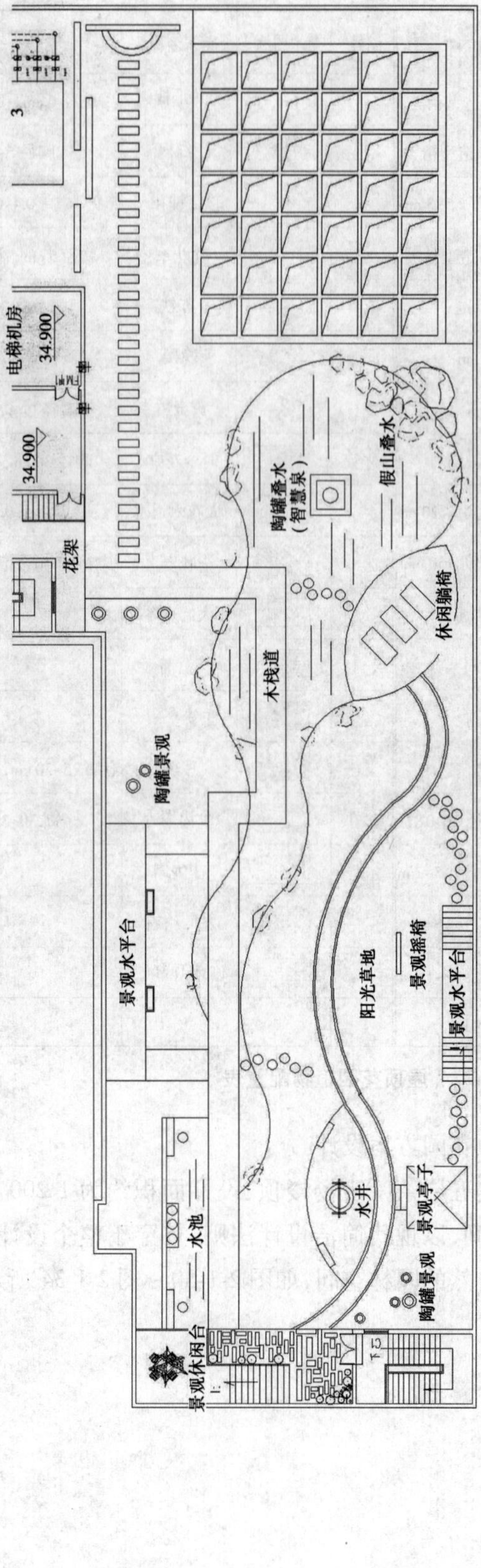

图 2-1-26　屋顶花园平面方案图

植物图例规格表

编号	苗木图例	苗木名称	苗木规格	编号	苗木图例	苗木名称	苗木规格
1		罗汉松桩景	高 1~1.3 m，造型精美	20		龙爪槐	胸径 6 cm，高 2~2.5 m
2		赤楠桩景	高 1.4~1.6 m，造型精美	21		红枫	胸径 5~6 cm
3		桂花	胸径 6 cm，高 2.5~3 m	22		金钟花	高 0.4~0.6 m
4		五针松桩景	高 0.8~1.2 m，造型精美	23		红叶李	胸径 5 cm，高 1.5~2 m
5		碧桃	高 1.6~2 m	24		苏铁	冠幅 80~100 cm
6		石榴	高 1.4~1.6 m	25		晚樱	胸径 6~8 cm
7		含笑	高 0.8~1 m	26		黄金竹	胸径 2~4 cm
8		龙舌兰	高 0.4~0.6 m	27		时令花卉	胸径 30 cm，高 30 cm
9		红继木球	胸径 =120 cm，高 =120 cm	28		大花六道木	高 0.4~0.5 m
10		山茶	胸径 =150 cm，高 150 cm	29		金叶女贞	胸径 25~30 cm，高 25~30 cm
11		多花紫藤	枝长 2 m 以上	30		大叶麦冬	
12		九里香	高 0.4~0.5 m	31		菖蒲	
13		佛肚竹	高 1.4~1.6 m	32		玉簪	
14		金弹子桩景		33		月季	冠幅 25~30 cm，高 25~30 cm
15		熊掌木	高 0.5~0.8 m，胸径 0.6~0.8 m	34		金边瑞香	高 30~35 cm
16		橘子树	胸径 6~8 cm，高 1.5~2 m	35		玉龙草	
17		丹桂	胸径 10 cm，高 3~3.5 m	36		花叶络石	
18		红叶石楠	高 1~1.4 m，胸径 0.8~1.2 m	37		朱顶红	
19		南天竹	高 0.6~0.8 m				

图 2-1-27　屋顶花园植物配置表

案例二：湖南永州茶叶市场屋顶花园方案设计

项目位于湖南永州，设计区域是五层茶叶市场楼顶，设计面积约为 1 200 m²，主要为顾客和市场经营户提供一个绿地空间，以现代简洁设计法则，贯穿于整个设计与建造中。合理利用空间，营造出简洁、大气、自然的园林空间，如图 2-1-30 ~ 图 2-1-34 所示。

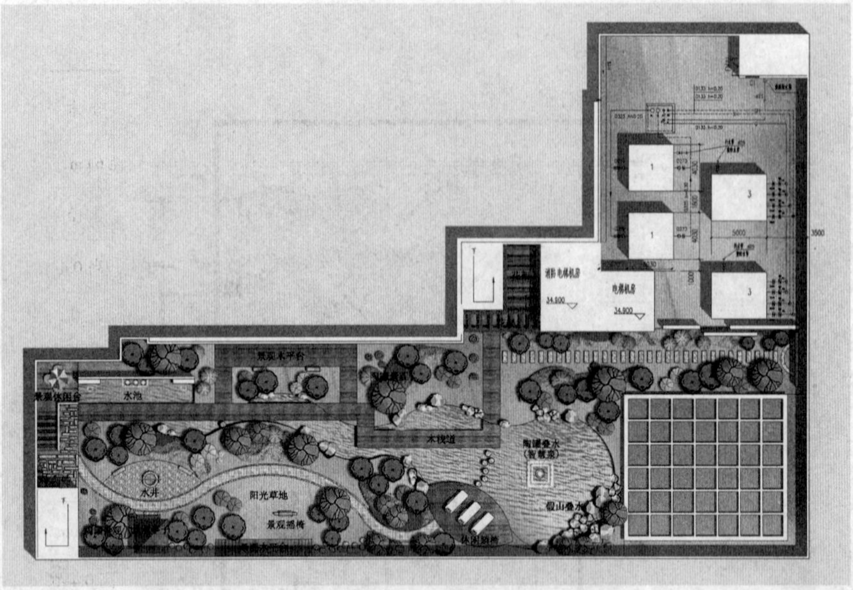

图 2-1-28　屋顶花园彩色平面图

图 2-1-29　屋顶花园鸟瞰图

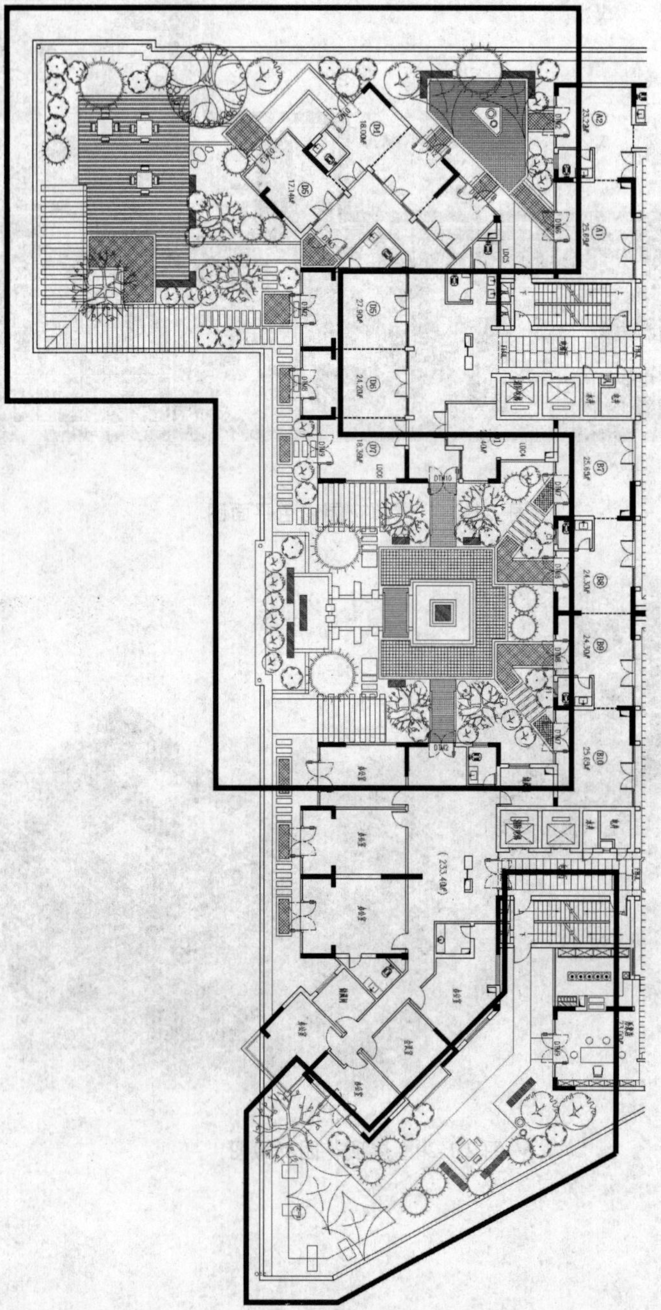

图 2-1-30 茶叶市场屋顶花园平面方案图

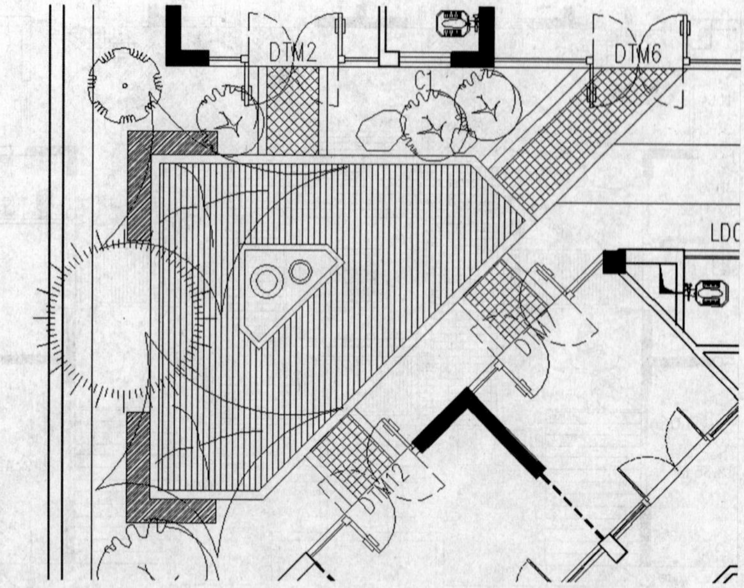

图 2-1-31　茶叶市场屋顶花园节点平面 1 方案图

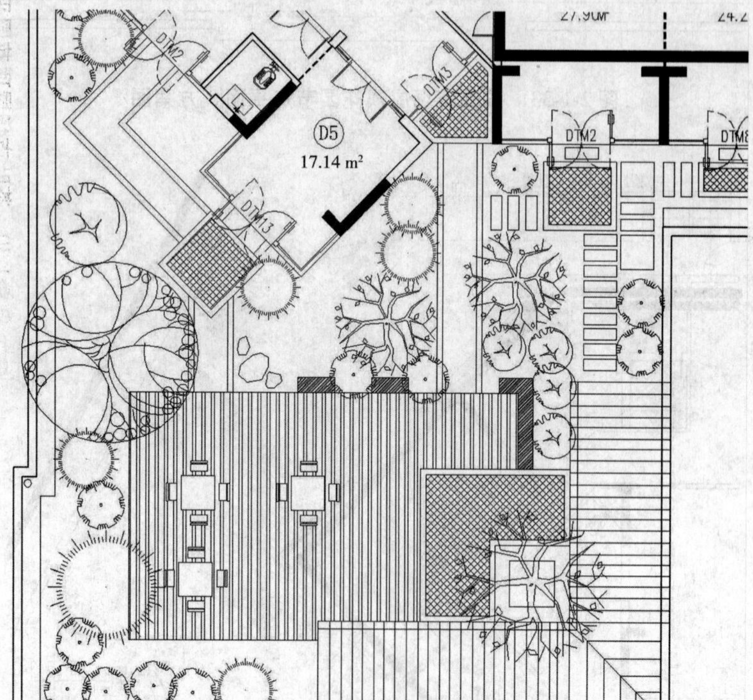

图 2-1-32　茶叶市场屋顶花园节点平面 2 方案图

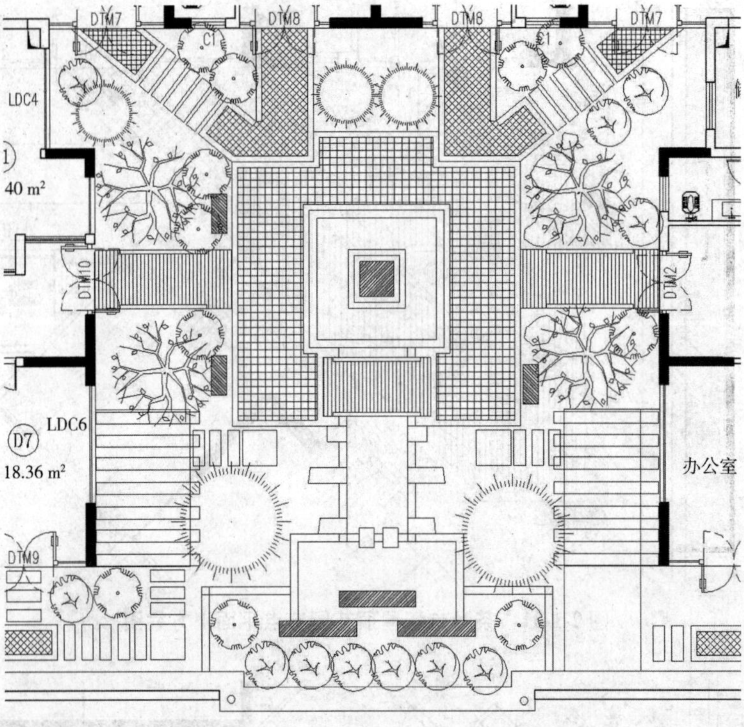

图 2-1-33　茶叶市场屋顶花园节点平面 3 方案图

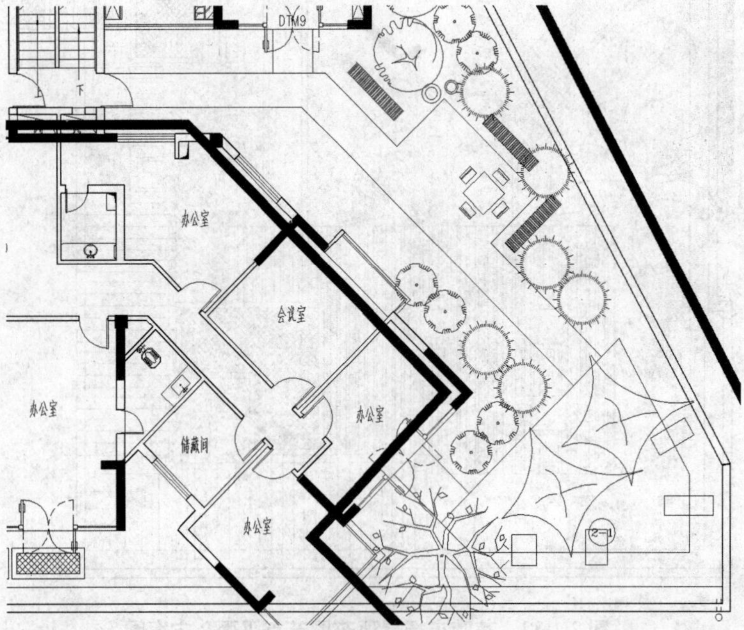

图 2-1-34　茶叶市场屋顶花园节点平面 4 方案图

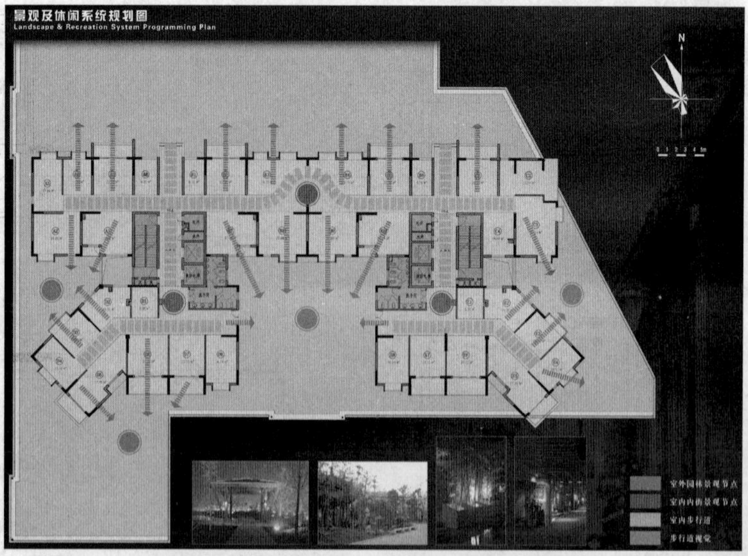

图 2-1-35　茶叶市场屋顶花园景观规划图

图 2-1-36　茶叶市场屋顶花园局部效果图

屋顶花园设计作业练习

作业 1:根据所给资料,合理设计景观,并绘制相应图纸,包括平面方案图、植物配置图和效果图及绿化部分结构施工图。

项目资料:设计范围位于某一办公楼四层高裙楼楼顶,长 21 m、宽 8 m,3 个出入口,出入口位置自定。要求结合环境和服务对象,合理设计出两种不同的方案。

作业 2:根据所给图纸资料(见图 2-1-37),合理设计景观,并绘制相应图纸,包括平面方案图、植物配置图和效果图及绿化部分结构施工图。

项目资料:设计范围是某私家楼顶。要求结合环境和服务对象,合理设计出两种不同的方案。

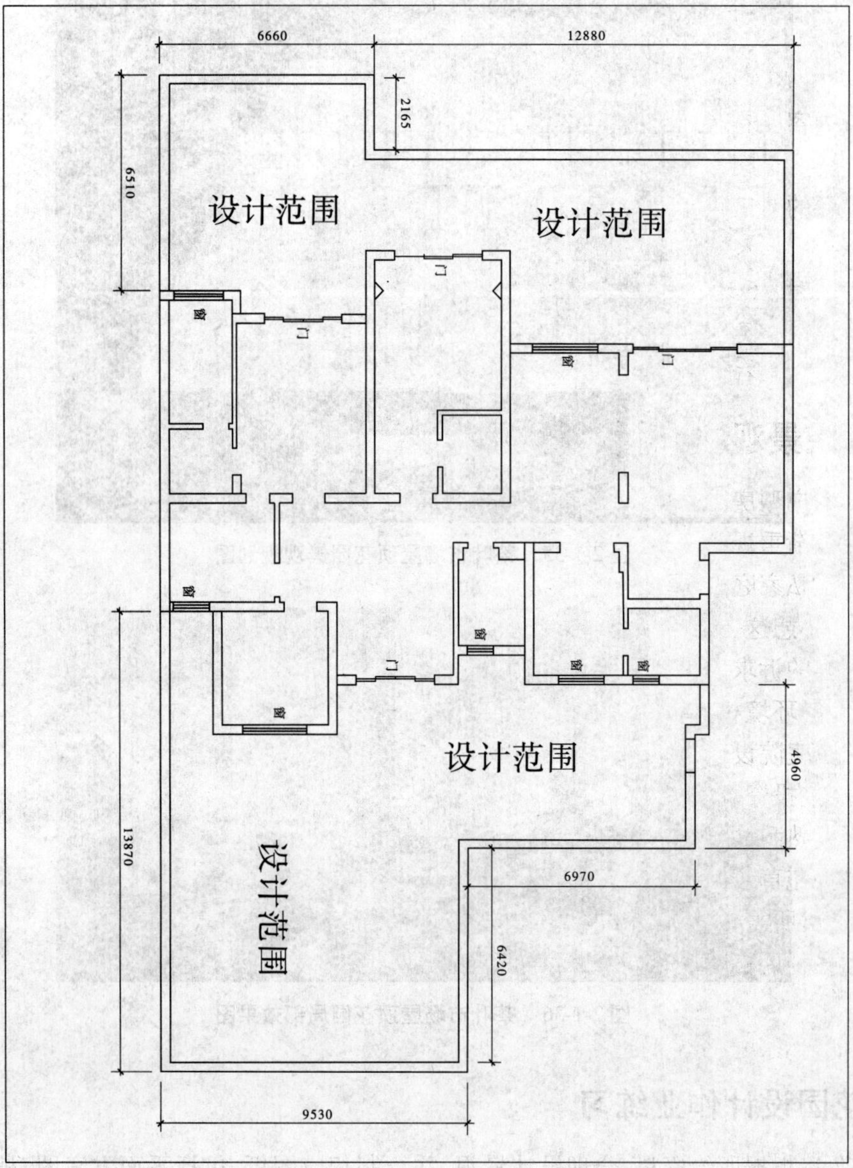

图 2-1-37　某私家屋顶花园平面尺寸

项目二　私家庭院景观设计与实训

授课内容　私家庭院景观设计理论基础与内容；私家庭院景观设计实践操作；私家庭院景观设计作业练习。

实训目的　了解庭院设计与建筑、室内的关系，掌握如何使庭院空间更好地满足不同人群的需求。

课题课时　6课时。

作业要求　灵活运用园林景观要素，合理组织环境空间，进行方案设计，并对方案进行表达与展示。

私家庭院景观设计理论基础与内容

随着大户型房屋行情的不断走高，人们对私家庭院、楼顶的空中花园甚至面积较大的阳台设计逐渐重视起来，而楼盘亦将此作为卖点，从而也为庭院设计的发展起到了一定的推动作用。私家庭院功能界定的一个主要因素是面积，面积小的庭院一般会着眼于家庭成员休闲、小憩这一诉求；而面积大一些的庭院，则可以增加娱乐、锻炼、聚会等诉求。不管是什么样的诉求，多大的面积，庭院的设计最重要的是将生硬的建筑与周围的环境相融合、与现有的环境相融合。

目前在庭院设计上大致有中式、日式、欧式几种。中式园林很精细，基本元素是奇木和奇石，这些投资都较大，比较适合专业“玩家”；欧式园林特点很明显，罗马柱和人物雕塑大家都很熟悉，这些对石材的要求都很高，此外，欧式园林对花草的要求也很高，配以郁金香等名贵花草效果较好；日式风格相对来说是很适合一般家庭选用的，它的小景较多，也较易布置，所需要的材料如竹子、鹅卵石等都很容易买得到且价格不贵。现在的庭院很少会遵循各种风格的要求一成不变地进行设计，设计师一般都会对几种风格进行融合，再加入时代和潮流的元素，看上去会显得比较多元化。

本节就私家庭院设计范围、景观特点、设计要点、景观要素等四个方面进行探讨，并辅以实例分析。

一、私家庭院设计范围

一般的别墅绿化环境都包含私人庭院和公共绿地两部分，两者相辅相成，缺一不可。

（一）私人庭院

别墅庭院是属于业主个人的私有空间，业主可根据自己喜好，在其中布置各种园林绿化植物和小品。而现在的开发商往往先在其上铺设草坪，以求得售前有一个良好的面貌，并且所费不多，如图2-2-1所示。

（二）公共绿地

这里的公共绿地主要是指每户私人用地之间的界限。有的用简单的栏杆、界桩表示分界；有的则以绿篱灌木为界；也有考虑比较细微的，在入口部分的庭院并没有特别的界限，显得很开阔自然，而在后庭院则有明确分割，强调私密性，作室内活动的室外延伸。

图 2-2-1　在私有的小空间内布置园林要素

二、私家庭院景观特点

(一)私密性

庭院空间是一个外边封闭而中心开敞的较为私密性的空间,在这个空间里,有着强烈的场所感,所以人们乐于去聚集和交往。我国传统的庭院空间承载着人们吃饭、洗衣、修理东西、聊天、打牌、下棋、看报纸、晒太阳、听收音机等日常性和休闲性活动。而现代建筑的庭院空间所承载的人们活动范围更广,特别是给紧张工作的人们在完成以自身行为为目的的同时,通过视、听、嗅等感官从庭院空间中获得被动式活动。如浇花剪草时享受阳光的照射、清新的空气、花草的芬芳等,娱乐时感受休憩设施的舒适和放松、观赏花草树木的自然美、倾听流水的声音等,如图 2-2-2 所示。

图 2-2-2　通过围墙围合的半私密空间

(二)室内空间的延伸

庭院是人工修饰的自然景观,是建筑室内空间的延续,人们除了室内空间的活动外,还需到室外空间中呼吸新鲜空气、接受阳光的抚慰、领略自然美等融入大自然的活动,以及聊天、散步、娱乐等日常休闲活动,庭院空间恰好就为这些活动提供了理想的场所,如图 2-2-3 所示。

图 2-2-3　平台和铺地都是室内空间的延伸

三、私家庭院景观设计要点

营造一个美丽的庭院，第一步就是要做好规划设计，首先应决定庭院的风格，要根据环境条件、家庭成员组成及养护能力等情况制订计划。

（一）庭院风格的选择

庭院有多种不同的风格，一般是根据业主的喜好确定其基本的样式。庭院的样式可简单地分为规则式和自然式两大类，目前从风格上私家庭院可分为四大流派：亚洲的中国式、日本式，欧洲的法国式和英国式。而建筑却有多种多样的不同风格与类型，如古典与现代的差距，前卫与传统的对比，东方与西方的差异。常见的做法多是根据建筑物的风格来大致确定庭院的类型。过去具有典型日本庭院风格的杂木园式庭院与茶庭等，往往融自然风景于庭院之中，给人清雅幽静之感，因此要考虑到建筑风格与庭院之间的协调性，如图 2-2-4、图 2-2-5 所示。

（二）庭院排水与光照条件的影响

排水、光照、通风、土质等会影响到植物生长发育的好坏，特别是光照充足与否是决定可栽培哪些花卉的重要条件。一般来说，能将花园建在光照条件好、朝南的地方最理想，所以必须弄清庭院的地理条件，如一天中的日照时间，阴面与阳面的处理等。在此基础上选择适宜这些环境的植物种类。而背阴处也能建成富有特点的庭院，可建成阴地花园以供观赏，如图 2-2-6、图 2-2-7 所示。

（三）家庭成员的需要

庭院样式也可反映出居住在这里的家庭的生活方式。只有上班族夫妇的两口之家无暇养护花草，庭院中常常只种些树木和宿根花卉；有幼儿家庭的庭院则应铺设可放玩具的

图 2-2-4　明显对称的欧式风格庭院

图 2-2-5　日式风格庭院

图 2-2-6　建筑物侧面的阴地花园 1

图 2-2-7 建筑物侧面的阴地花园 2

草坪,并种植一些色彩艳丽的一、二年生草花和球根花卉;如果家中有人对植物养护管理感兴趣,就可种些四季时令草花,营建一个完美的观赏花园。总之,庭院样式及所栽培的植物种类应根据家庭人员组成和年龄结构有所选择,如图 2-2-8、图 2-2-9 所示。

图 2-2-8 草坪和时令花卉庭院

(四)庭院面积的大小

面积较大的庭院可以选择的庭院风格也较广泛,而狭小的庭院可用面积有限,必须有周密的配置计划。而庭院不论大小,道路的铺装是必不可少的,一般的庭院小径可用天然石材或各色地砖、黑白相间的鹅卵石铺就。

庭院的布局非常关键。崇尚简洁的可以在庭院中种些花草,或者做成一个绿色苗圃。而如果希望取得更加理想的景观效果,如用曲折小道配合高大树木让人产生庭院深深的感觉;用曲形拱门、雕花栏杆、立柱涡卷配合精心修剪的矮丛植物,则活脱脱一个欧陆风情再现,如图 2-2-10、图 2-2-11 所示。

图 2-2-9　四季时令花卉庭院

图 2-2-10　有丰富景观的大面积庭院

图 2-2-11　简洁的小面积庭院

四、私家庭院中的景观要素

景观元素的布局艺术是造园中最重要的，整体布局是一种提纲挈领式的艺术创意。布局的成功与否，是决定庭院美不美的关键。

一般来说，庭院里的植物种类不要太多，应以一两种植物作为主景植物，再选种一两种作为搭配，植物的选择要与庭院整体风格搭配，植物的层次要清楚、形式简洁而美观。

水是许多庭院里不可缺少的精灵，它可以与庭院里的一切元素共同组成一副美丽的水景画。而木材在别墅庭院中可以说是起着点睛的作用，做户外家具、花槽、花架、秋千椅、围栏，无论用在庭院中的任何角落，它都会给人创造一种温馨、舒适、自然、和谐的氛围，满足人们对自然回归的迫切渴望。在铺满鹅卵石的庭院中，摆放一张造型简洁的木桌椅，可以让你完全融入到自然的氛围中去。特别是在北方，木制品让北方的冬天不致拒人千里之外。木质桌椅的色彩比较丰富，有原木色的、白色的、绿色的等，总之应与整体庭院风格相配，如图 2-2-12 所示。

图 2-2-12　别墅里的小水景

庭院素材的运用是没有一定之规的，但精美的庭院是由植物、石材、雕塑类、小品、水景等各种不同的素材经过艺术组合而成的。因此，素材运用得好，可以非常出彩。比如在日式庭院中，树木与草皮、与各类大小野山石、土坡、砂砾的组合是非常讲究的。各种手法都是对自然意境和情趣的模拟，都可使人得到精神上的陶冶与愉悦。像枯山水这样的造园手法，可以使人领略到佛禅的意境。我国的太湖石、灵璧石等观赏石的拟山造景更令人惊叹大自然鬼斧神工的造化之美与中式庭院艺术中深厚的文化底蕴的完美组合。

（一）空间分割

如何使用园中空地，作为儿童游乐场还是种植菜蔬，用作休憩沉思还是户外娱乐？庭园像室内一样，应该分割成尺度大小合宜的一个个空间，每个空间有着不同的功能需要。我们的行径及视线可以从一处伸展到另一处，从围合隐秘的菜园，到一片宽敞开放的草坪；从绿冠遮荫的座椅区域，到一处向阳明亮的木平台；从规则修剪的绿篱到自然宿根满铺的野趣花毯……其实空间的过渡转换应该是被强调的，可以用廊架、曲折拐弯的石板步道，也可以是一群高低错落的灌木收边。迷人的连接把所有的空间串在一起，这些序列就会形成动人的旋律，如图 2-2-13、图 2-2-14 所示。

图 2-2-13　利用高差分割空间

图 2-2-14　利用景墙和家具分割空间

(二)水体

水景是庭院的点睛之笔。庭院水景的建造一定要因地制宜。在有条件的庭院中,不妨挖一个水池,蓄一池清水,点缀少许石景,栽上几株荷花,配上一些水生植物,便能形成一个消暑降温的绝佳之处;小庭院中可选择贴墙摆放的壁泉,最佳摆放位置是客厅出口对面的院墙下,让它与客厅形成良好的对景关系,动态的喷水效果能打破整面墙的厚重感,将一静一动的景观元素结合在一起,使整个庭院更具活力。水景在同一个院子的不同位置也有不同感觉,挨着客厅的造型感强一些,而后院就可以比较空旷,突出院的感觉。

水体本身并无固定的形状,其观赏的效果取决于盛水物体的形状、水质和周围的环境。水的各种形状、水姿,都和盛器相关。盛器设计好了,所要达到的水姿就出来了。光线对水体观赏效果更为明显,为了达到效果,往往要在水体中补充人工照明。而这时的观赏效果往往要优于白天的最佳景观效果,如图 2-2-15 所示。

图 2-2-15　不同风格的水景景观

(三)园路

别墅庭院中的园路主要突出窄、幽、雅。窄是庭院园路的主要特点,因为服务的对象主要是家庭成员及亲朋等,没有必要做得那么宽,不然不但浪费,而且显得园子很局促;幽是通过曲折的造型,使人们产生错觉,感觉幽深,使庭院突显宽旷;雅是庭院的最高境界,能做到多而不乱,少而不空,既能欣赏又很实用。

1. 园路的线形设计

园路的线形设计应与地形、水体、植物、建筑物、铺装场地及其他设施结合,形成完整的风景构图,创造连续展示园林景观的空间或欣赏前方景物的透视线。园路的线形设计应主次分明、组织交通和游览、疏密有致、曲折有序。较好的设计是根据地形的起伏、周围功能的要求,使主路与水面若即若离。园路的布置应根据需要有疏有密并切忌互相平等,但曲线不能像直线那样易于运用,适当的曲线能使人们从紧张的气氛中解放出来,从而获得安适的美感。

2. 园路布局

道路的布局要根据别墅绿地内容和使用者的容量大小来决定。要主次分明,因地制宜和密切配合。如地形起伏处园路要环绕山水,但不应与水平行。因为依山面水,活动人次多,设施内容多,地势平缓处的园路要弯曲柔和,密度可大,但不要形成方格网状。

园路的入口起到引导游人进入庭院的作用。一个成功的入口设计在引导人们前进的同时,还会营造出不同的气氛,一条宽阔的园路会使你产生进去闲逛的想法。而一条狭窄的园路则会使人加快行走的速度。在园路中途设置的广场为游人提供了一个欣赏景色、休息及改变行走方向的地方。因为庭院道路有着表达设计意图的作用,所以铺装园路的材料形式与质地十分重要,而且铺地的形式和路线起着传递庭院设计者意图的作用。直线、弯角、几何形体现规划式设计的意图,而自然曲线、疏松的铺装和一些不规则的形体及自然的设计方式则表现了非规则式设计的特点,如图 2-2-16 所示。

图 2-2-16　不同的道路形式给人不同的感受

3. 铺装材料的选择

要考虑到是否与构筑物风格、庭院主题相协调。庭院道路铺装选材应以天然的石材、原木为主,例如青石板、黄麻石、砂砾、鹅卵石等感觉原始朴实的材料, 用天然材料表现出庭院粗线条的质朴感觉, 经济实惠也容易实施。在强调质感和异域感觉的庭院中, 使用粗犷的棕色系石板效果很好, 既与暖色系的构筑物, 如矮墙相匹配, 也和旁边种植区的砂砾地面铺装形成呼应。

庭院内同一空间,园路同一走向,用一种式样的铺装较好。这样几个不同地方不同的铺砌,组成全园,达到统一中求变化的目的。一种类型铺装内,可用不同大小、材质和拼装方式的块料来组成,关键是用什么铺装在什么地方,如图 2-2-17 ~ 图 2-2-20 所示。

图 2-2-17　水泥压花地面

图 2-2-18　防腐木质平台

图 2-2-19　碎石子园路

图 2-2-20　条石间草铺地

(四)构筑物

你从什么角度观赏你的花园,从平台、透过窗户还是平地上?是一览无余还是移步易景?构筑物提供了更多观赏的角度。像矮墙、平台、廊架、凉亭等构筑物,因为不会遮挡视线,既能划分庭院空间,限定入口,又不会令庭院显得局促狭小,所以对于户外生活非常重要。不同高度、形式的矮墙可以作为座椅的挡墙;一个原木搭建的亭式构筑物、平台则可以用来观景或休息之用。建造时选用与住宅相近的材质,保持一致性,如图 2-2-21 ~ 图 2-2-25 所示。

(五)景观小品

入口及坐卧停留的休息处对面,会形成视觉焦点,需设置景观小品来点缀。不管是雕塑、盆栽还是水景,都要美观,引人注目,并与庭院风格整体一致。在座椅及入口的共同焦点处放置质朴的喷泉小品作为对景就十分出彩。可采用材质对比的手法,将精致混以粗犷、柔软配以粗硬。比如作为雕塑背景的植物要体现成片的效果,个体本身不是很突出的禾草类植物运用坚硬与柔软的对比更具艺术效果。

图 2-2-21 艳丽的景墙最吸引眼球

图 2-2-22 矮墙作为座椅的挡墙

图 2-2-23 木质花架投影在地面上

图 2-2-24 金属构筑物与软质座椅的结合

在庭院景观中的小品是指假山、凉亭、花架、雕塑、桌凳等各种在庭院中可摆设的物品。一般这些体量都很小,但在庭院中能起到画龙点睛的效果。这些小品无论是依附于景物或者是相对独立,均应经艺术加工精心琢磨,才能适合庭院特定的环境,形成剪裁得体、配置得宜,小而不贱、从而不卑,相得益彰的园林景致。运用小品把周围环境和外界景色组织起来,使庭院的意境更生动,更富有诗情画意。从塑造环境空间的角度出发,巧妙地用于组景,以达到提高整体环境与小品本身鉴赏价值的目的,如图 2-2-26 ~ 图 2-2-30 所示。

图 2-2-25　木质廊架作为庭院主景

图 2-2-26　装饰壁炉点缀了环境

图 2-2-27　盆栽组合也是一种景观

（六）植物

园林植物种类繁多，形态各异。有乔木、有灌木，有花卉、有草坪；有直立的、有攀缘的，也有匍匐的；树形也各异，花、叶、果更是色彩丰富，绚丽多姿，因为有这样好的素材，所以我们在设计中可以大量用植物增加景点，也可以用植物遮挡私密空间，同时因为植物的多样性，我们也可以做出庭院的四季景观。

盆栽适合小庭院，用绚丽的盆栽配合天然质地的室外家具，是节省空间、易于打理的消遣方式。盆栽便于摆放和更换，特别适合缺乏种植经验或没有时间打理、照料植物的家庭。选择恰当的花器能为简单的庭院点染出独特的风格，比如褐红色的陶土罐配合仿古地砖能烘托出质朴的韵味。盆栽摆放以墙角、庭院边缘和台阶两侧为主。盆栽植物的搭配应高低错落，可多用些花朵艳丽的多花草本植物，如八宝景天等，不仅漂亮多姿，还能软化庭院里构筑物的尖角带来的不柔和，如图 2-2-31 ~ 图 2-2-34 所示。

图 2-2-28　花盆装点墙壁

图 2-2-29　遮阳伞桌椅为主人提供一处清凉

图 2-2-30　木质花架座椅组合成为庭院一处亮点

掌握植物在别墅景观营造中的这些作用，是我们顺利开展植物造景工作的前提，而各种植物材料更是植物造景的基石。

图 2-2-31　不同容器之间的搭配

图 2-2-32　栽植不同类型的植物也可以营造不同景观

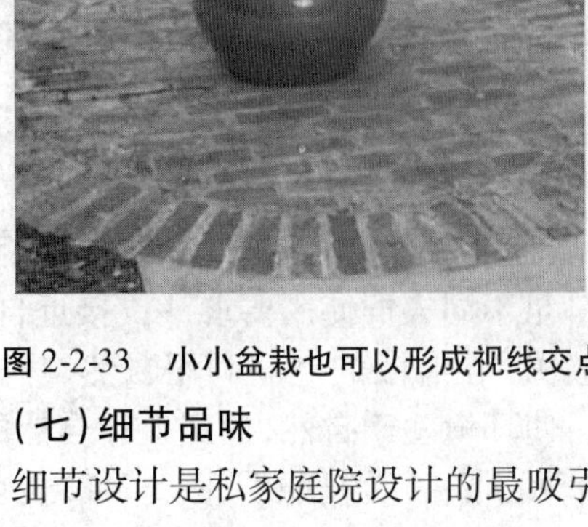

图 2-2-33　小小盆栽也可以形成视线交点

图 2-2-34　沙生植物对视觉的冲击力

(七)细节品味

细节设计是私家庭院设计的最吸引人也是最打动人的地方,如图 2-2-35 ~ 图 2-2-38 所示。

图 2-2-35　精致的小水景是庭院的点睛之笔

图 2-2-36　木栅栏围合成的休憩空间

图 2-2-37　挡墙也是一种美

图 2-2-38　舒适的座椅

私家庭院景观设计实践操作

案例一:长沙水印加州别墅景观设计

项目位于湖南长沙青竹湖高档别墅区,设计区域是带有高差的狭长型地带,设计面积约为 460 m^2,使用人群为一家三代祖孙五口,设计满足不同人群使用要求,以“接近自然,回归自然”作为设计法则,贯穿于整个设计与建造中。在有限的空间利用自然、师法自然,寻求人与建筑小品、山水、植物之间的和谐共处,使环境融于自然,达到人和自然的和谐。如图 2-2-39 所示为方案图,图 2-2-40 为彩平图,图 2-2-41 为鸟瞰图,图 2-2-42 为前庭效果图,图 2-2-43 为后院效果图。

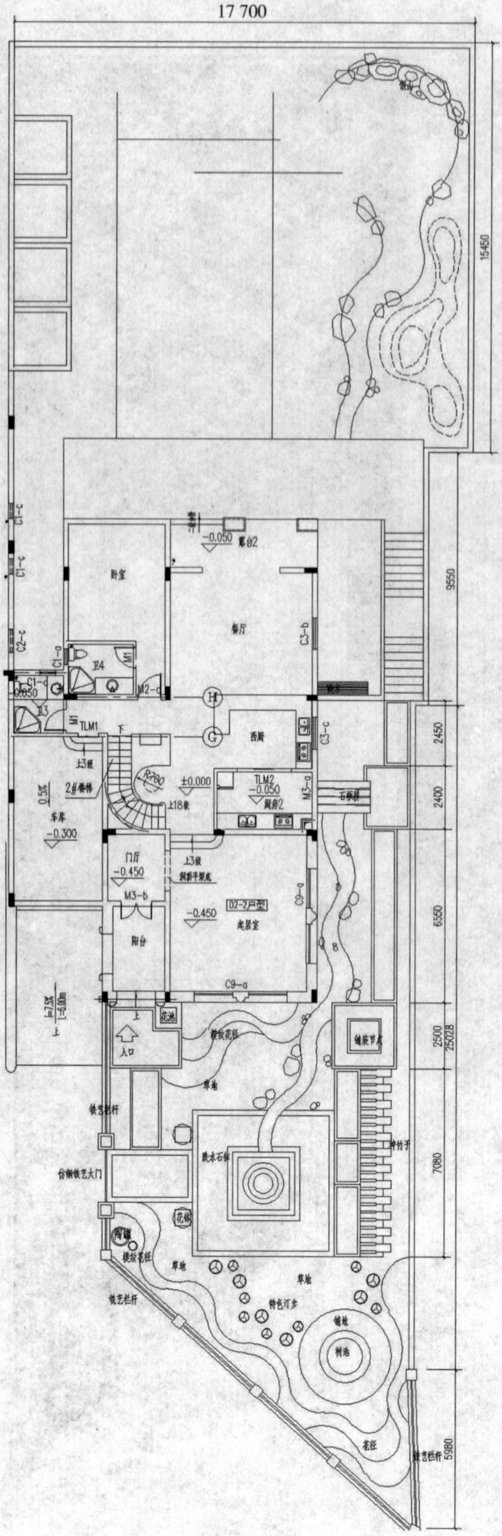

图 2-2-39　长沙水印加州别墅景观设计方案图

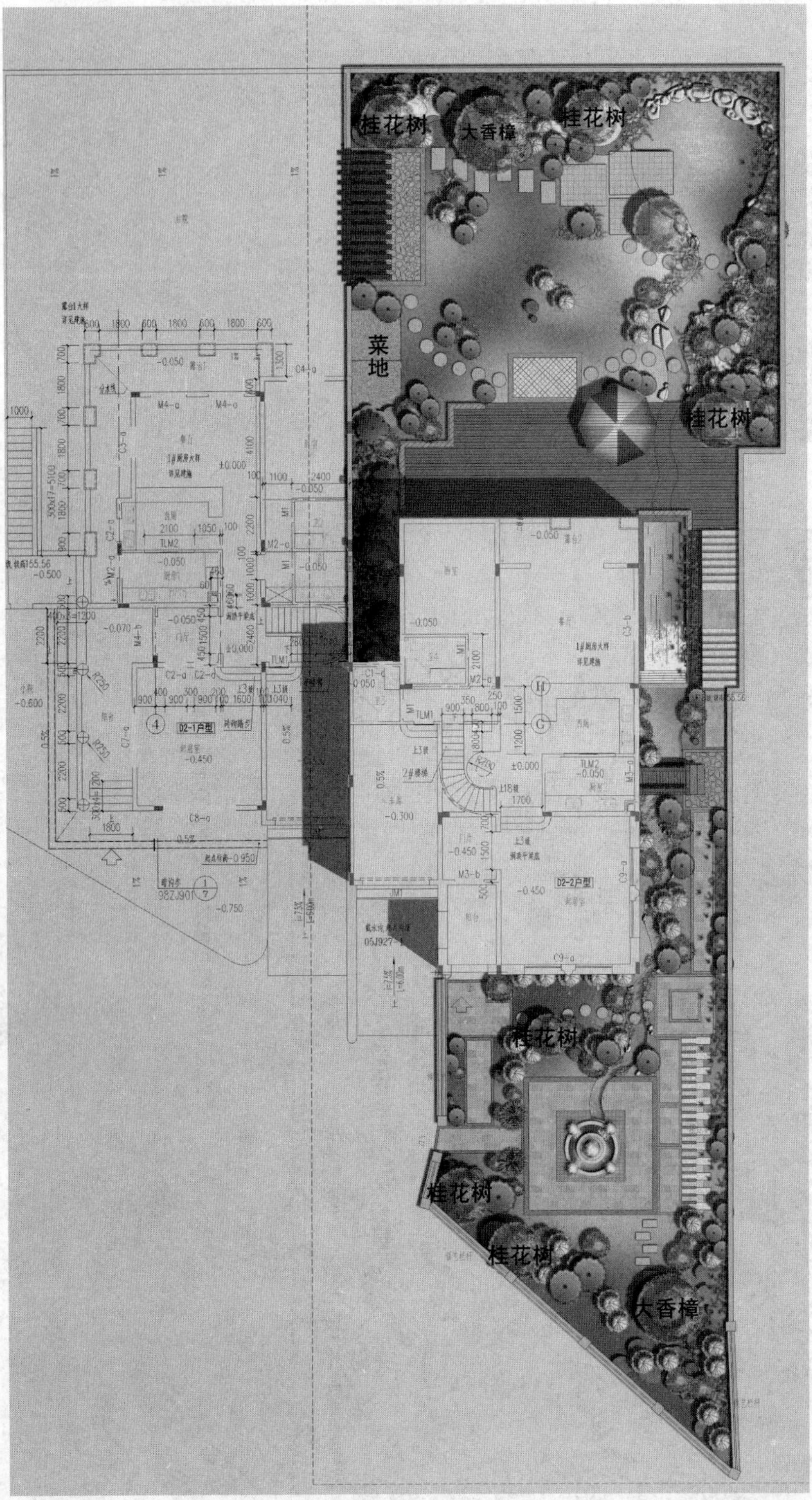

图 2-2-40 长沙水印加州别墅景观设计彩平图

图 2-2-41　长沙水印加州别墅景观设计鸟瞰图

图 2-2-42　长沙水印加州别墅前庭效果图

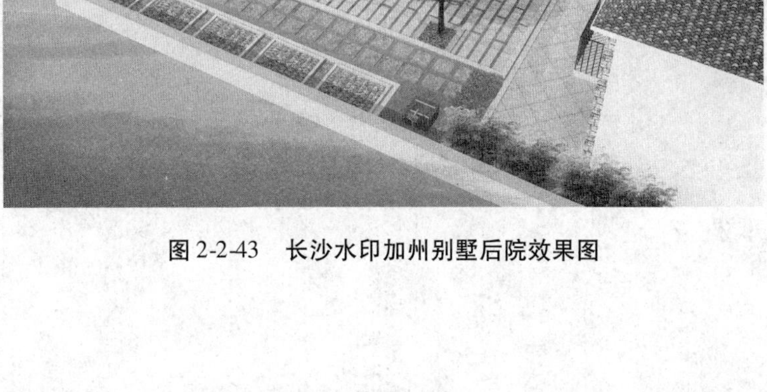

图 2-2-43　长沙水印加州别墅后院效果图

案例二：湖南望城乡村别墅景观设计

项目位于湖南望城县城郊，设计面积约为 3 000 多 m^2，建筑风格为简洁美式别墅，以现代简洁设计法则，贯穿于整个设计与建造中。合理利用空间，营造出简洁、大气、自然的园林空间。如图 2-2-44 所示为方案图，图 2-2-45 为彩平图，图 2-2-46 为模型图，图 2-2-47 为鸟瞰图。

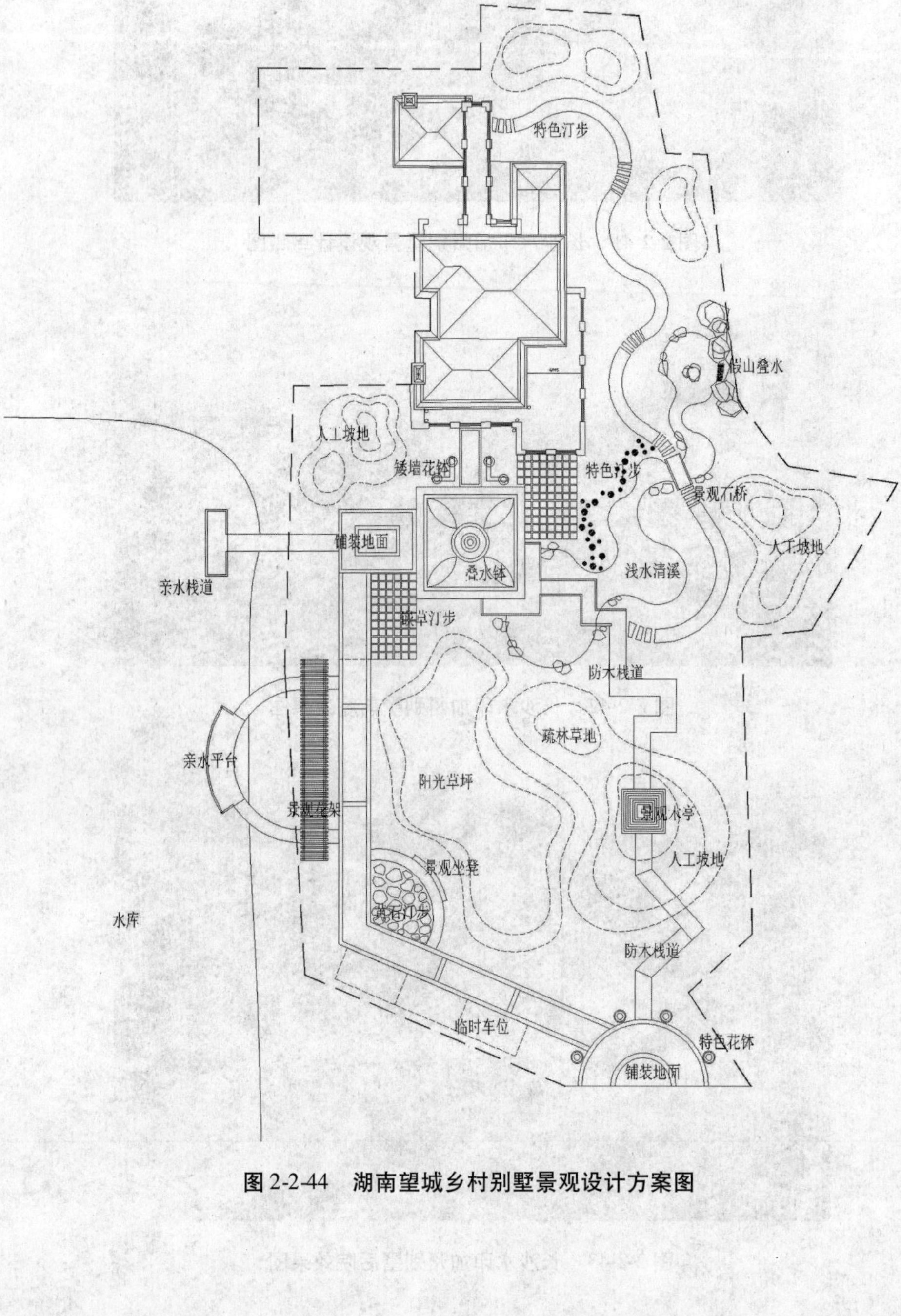

图 2-2-44　湖南望城乡村别墅景观设计方案图

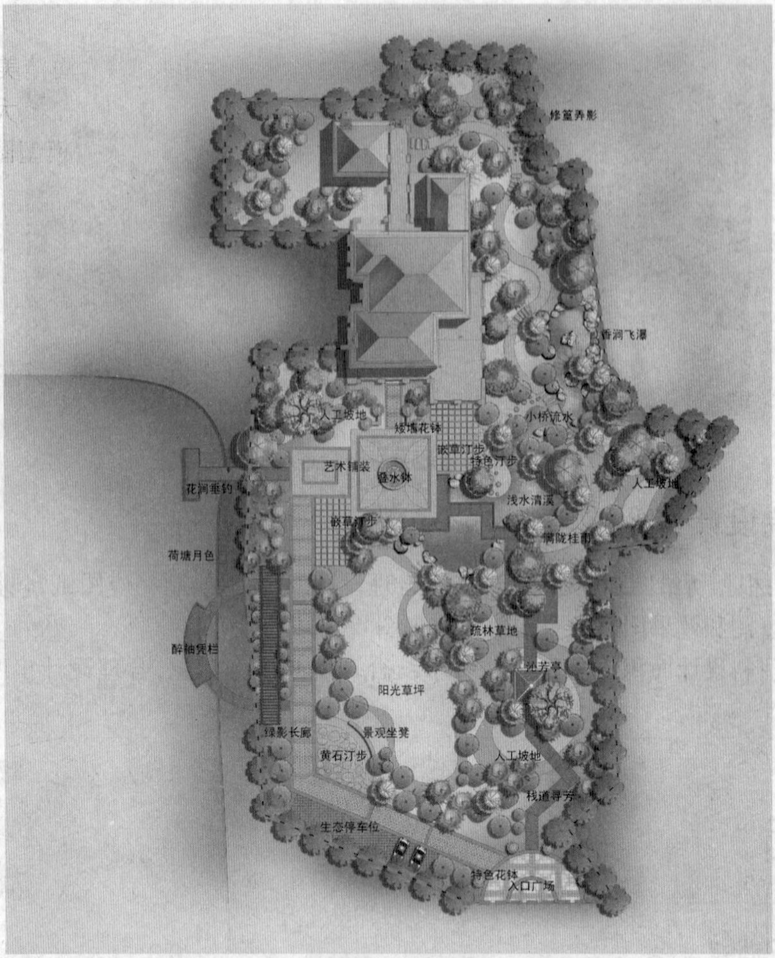

图 2-2-45　湖南望城乡村别墅景观设计彩平图

图 2-2-46　湖南望城乡村别墅景观设计模型图

图 2-2-47　湖南望城乡村别墅景观设计鸟瞰图

私家庭院设计作业练习

作业 1：根据所给图纸（见图 2-2-48），合理设计景观，并绘制相应图纸，包括平面方案图、植物配置图和效果图及主要构筑物施工图。

项目资料：设计面积约 870 m^2。要求结合环境和服务对象，合理设计出两种不同的方案。

图 2-2-48　作业 1 图纸

作业2:根据所给图纸资料(见图2-2-49),合理设计景观,并绘制相应图纸,包括平面方案图、植物配置图和效果图及主要构筑物施工图。

项目资料:设计范围是某私家别墅,设计面积约500 m^2。要求结合环境和服务对象,合理设计出两种不同的方案。

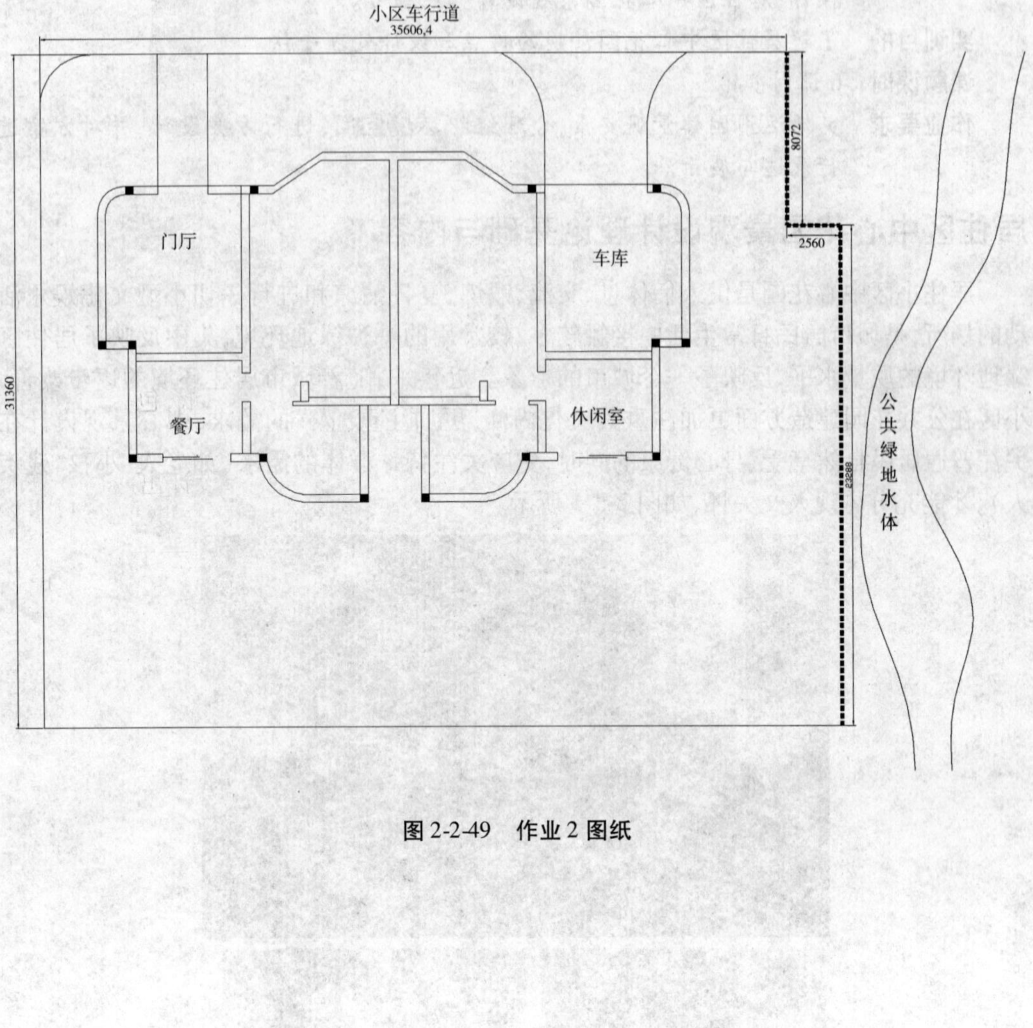

图2-2-49 作业2图纸

项目三 居住区中心花园景观设计与实训

授课内容 居住区中心花园景观的特点和设计处理;居住区中心花园景观设计实践操作;居住区中心花园景观设计作业练习。

实训目的 了解居住区中心花园景观的特点和设计处理手法。

课题课时 6课时。

作业要求 灵活运用园林景观要素,合理组织环境空间,进行方案设计,并对方案进行表达与展示。

居住区中心花园景观设计理论基础与内容

居住小区中心花园是供人们休息、交流、锻炼、夏日纳凉和进行一切小型文化娱乐活动的场所,是城市居民日常生活中接触较多、较常用的一种绿地环境,集中反映了居住区绿地环境的质量水平,反映了一个城市的形象。近年来,随着城市居住环境的逐步改善,小区在公共花园建造方面更加注重其文化内涵,更加注重"人"的需求,中心景观设计在关注普通居民自然享受、身心健康的同时,更应关注特殊群体的需求(如老人、小孩、残疾人),才能充分体现人文关怀,如图2-3-1所示。

图2-3-1 徜徉清澈的河水伴以丰富的植物景观,打造适合人居的中心花园景观和孩子们的戏水空间

续图 2-3-1

一、居住区中心花园景观特点和设计处理

（一）能为小区提供良好的社会交往空间

1. 供多种户外活动的空间

提供正式的（即经过组织的）和非正式的户外空间；创造既适合社交又可提供隐蔽和私密的环境；空间尺度应该有变化，既有大的开放空间，又有小的角落；提供可进行单独和团体活动以及业余爱好活动的各种设施。如图 2-3-2 所示。

图 2-3-2　户外儿童活动场地和成人休闲散步场地

2. 创造用来社交会面、与朋友亲近或独处的空间

创造各种可以用来社交和私交的小空间，包括大空间中的次一级小空间。多功能的大空间总的来说是不适合正式交往的。空间的划分应该清楚并且微妙，否则人们会觉得自己进入了一个私人房间，并且侵犯了自己在那里的私密。也不应该大到独自坐着或仅有几个人存在时让人感到恐惧或疏远。空间的尺度充分尊重人的心理感受。如图 2-3-3 所示。

图 2-3-3　大的活动空间与小型私密空间的结合，为小区内生活的居民提供不同人数的休闲与活动空间

3. 有组织的活动节目

居住区公共环境的主要服务对象为小区居民有组织的健身活动或小区文化宣传活动，在中心花园晨练和晚上的秧歌，都是一种自发的群体活动，这些活动都需要有一定规模的独立园举行，通过类似的活动，邻里之间加强交流，加深友谊。例如，北方地区早上的空间和平整的地面。居住区公共环境设计也要考虑到这些使用者的要求，如图 2-3-4 所示。

图 2-3-4　小区文化宣传区域和成人健身小型活动场地

(二)能为小区提供健康的锻炼场地

居住区中心景观设计能为小区提供健康的锻炼场地。

1. 对各种活动能力的人设置各类锻炼机会

划出专门的锻炼活动区。健康和锻炼是许多人特别是老人关注的问题,也是他们使用户外空间的主要原因之一。一些居民可能非常活跃,而另外一些可能因为健康或活动能力方面的问题,只能有限的使用户外空间,否则他们极易感到疲劳。因此,户外的活动和娱乐设施应该是多样的。户外所提供的活动应该与居民的活动水平相符合。举例来说,特别衰弱的人不会使用推盘游戏的活动场地。如图 2-3-5 所示。

2. 活动设施应当根据个人的活动能力调整

活动量不大的活动区域或晒太阳的休憩区应该布置在建筑物的附近,以鼓励活动能力有限的老年人使用。因为散步受到老年人的欢迎,可以把步行道设计多样化,有不同的长度和难度,以适应不同活动能力的人。建设一个带有缓坡的步行道,作为活动路线的一部分。如图 2-3-6。

图 2-3-5　专门作为老人健身之用的活动场地

图 2-3-6　带有缓坡起伏错落的步行道，按照坡度将道路与绿化结合，加大人们锻炼的强度

3. 活动区旁设置便于休息的座位及饮水器等设施

建一处供在恶劣天气中锻炼使用带顶棚的拱廊或走廊。可以建一些合适的娱乐设施，如中心花园中半封闭或露天棋牌室，经常有一些每天赶来社区玩纸牌、骨牌、下象棋、跳棋和其他游戏的老年人。利用特殊的设施细节鼓励体弱的老年人参与活动，锻炼区附近应设置饮水器。如图 2-3-7、图 2-3-8 所示。

图 2-3-7　供人下棋、打牌、喝茶、聊天的休闲小桌

图 2-3-8　带顶棚的拱廊或走廊景观

4. 为某些活动器械设置储藏室

在居民易于到达的地方建锻炼设备的储藏室，如果中心花园之中或附近有这种条件，可以大大提高老年人的健身兴趣，尤其是某些自备锻炼器具的居民。

(三)能为居民提供享受自然、亲近自然的场地

提供可享受自然的户外空间，居民常使用居住区中心花园等开放空间晒太阳、呼吸新鲜空气、观察天气、栽花种草或喂鸟。对于老年人来说，亲近自然可在提供多样性和兴趣的同时，令他们感受四季的变化和时光的流逝，如图 2-3-9 所示。

1. 各种植物配置产生季节变化的感受

如果场地条件允许，布置不同类型的栽植区，从规整的花园到自然的野生植物区。使用不同的树种以形成四季色彩的变化，吸引野生动物，并可设置喂鸟器等设施，以增加趣味性，如图 2-3-10 所示。

2. 夜景照明产生视觉兴趣

入夜后，户外植物的夜间泛光照明产生了极大的视觉兴趣，在彩色灯光的投射下，使人对自然产生某种视觉上的神秘感。如图 2-3-11 所示。

图 2-3-9　开放的阳光浴空间，绿地中还可以供人喂鸟

图 2-3-10　充满野趣的活动草坪，让人与自然更亲近

图 2-3-11　户外照明使得夜幕下的花园景观更加神秘诱人，
走在路上恍如走在夜空里；白天与夜晚呈现出的不同景观

3. 人与自然相互交融

居住区中心景观设计应创造人与自然相互交融的空间，如图 2-3-12 所示。

4. 利用公共艺术、喷泉、雕塑来模拟自然感受

公共空间中的艺术作品应该创造出愉悦感、快乐感以及对城市生活的惊叹感。通过

图 2-3-12　将中心花园置于自然景观之中，让人忘记喧嚣的街道与生活

对传奇、寓言、神话或历史的吸引，以及通过创造可以被人控制，可以坐在上面或者从下面穿行的形式，激发人们对玩的兴趣、创造力和想象力。能够吸引儿童的雕塑或喷泉，同样能够吸引成年人，如图 2-3-13 所示。

图 2-3-13　亲水景观

续图 2-3-13

流动的水在视觉和音响上的吸引力是公认的，紧邻座位的喧闹的喷泉可以成功屏蔽周围的喧嚣，同时，非常有利于创造一个令人愉悦的环境。水流的声音可减轻人们的紧张，作用也是不容忽视的。舒缓的声音效果能被所有周围使用长椅和草坪的人听到，使人联想到流自山间的潺潺小溪。如图 2-3-14 所示。

图 2-3-14　雕塑喷射的水流使人联想起户外潺潺小溪

续图 2-3-14

居住区中心花园景观设计实践操作

案例一:秦皇岛汶源小区中心花园设计

项目地处华北平原,位于秦皇岛汶源小区内。

中心景观区既生动又富有变化,是整个小区的景观高潮,充分考虑居民的行为活动习惯,从空间组织上,分为东部静态活动区和西部动态活动区两部分;从功能上,设有休闲娱乐场地、老年活动区、儿童活动场地等,居民在这一区域,既可欣赏美景,又可接触美景,亲近自然。嘉源广场采用多个圆形环环相扣的造型,运用植物栽植将广场紧密围合,丰富空间感。广场周围数个同心圆弧造型的石凳和绿篱,不仅满足了平视的个体设计,也考虑了由高空向下眺望的平面构图,为广场增加了活力。广场入口的荷花池、观景池是整个水景系列的开始与发展;圆心区域的喷水池、戏水池则是高潮和余韵,人们在此散步、健身的过程中可以领略到水的动态质感。东部静态活动区的自然水体则是水景序列的结尾,居民在休憩、赏景的同时,可以体会到其中的安宁。如图 2-3-15 所示。

嘉源广场与广场入口及多个空间相结合,构成居住区景观的三条轴线,多变的场地形式与水流结合,充分体现汶源的特色,整个广场与东侧的自然式水景相结合,既体现整体又有所打破,灵活而统一。嘉水秀石是广场入口到中心景观区的一个衔接过渡场地。以泰山石为广场入口的主要标志,与景观油松相结合,起到障景的作用,绕过泰山石,而后便是满园春色。休闲步行场所利用各种铺装结合植物种植,别具风味又分散人流。自由曲线与直线完美衔接,建筑、水面、曲桥、石板、地形、草坪、树木、雕塑小品、阳光微风、软质硬质景观完美结合,虚虚实实,时障时透,使居民进入小区就进入景色空间,处处是景,处处俱嘉,处处皆美,营造出一种舒适、幽雅的空间氛围。

图 2-3-15 中心花园效果

东部自然山水区域植物密集栽植，加上对水景、微地形的利用，与蜿蜒的小路相结合，让人有回归自然的感觉。水景是营造整个居住区氛围的重要手段，中心景观区以水作为联系整个小区景观的重要因素，自然式与规则式的构图在水的流动中完美结合，各展风韵。沿着主入口的这条轴线，可以欣赏到整个水景序列的开始、发展、高潮、余韵、结尾；从小面积荷花池、喷水池、戏水池到自然式水景，池岸蜿蜒，水边佳木葱翠，睡莲荷花点缀其中，金色鲤鱼穿梭其中，得流觞之趣。水面局部扩大，形成湖面造景，使环境更加优美、自然，在这里你可以倾听到潺潺的溪流声，哗哗的跌泉，可以看到水中大大小小的石头，岸边葱葱绿绿的植物，还有巨石上的独木桥。坐入水中景亭，茂密的植物，更使你如沐浴山涧春风。垂柳与碧桃等结合湖水与周边植物构成了一个景色宜人又有很强识别性的入口场地，使人产生家园感。如图 2-3-16 所示。

图 2-3-16 中心花园平面与局部效果

续图 2-3-16

案例二:沈阳万科新榆公馆中心花园设计

项目概况:2004 年沈阳万科合作项目,位于沈阳浑南工业区,总占地 10 hm^2。

设计理念:农田的脉络在经济发展中逐步被新的工业区、铁路所切断,今天,过去的轻工业园转变成住宅区,新的城市规划建立在工业脉络的基础上。利用基地现状的铁路,运用新的手法保留并重新规划新的景观轴线,通过景观的变化来演绎工业化的记忆和演变的过程,如图 2-3-17 ~ 图 2-3-22 所示。

图 2-3-17　中心花园亲朋好友交流空间

居住区中心花园景观设计作业练习

项目名称:芳古园中心花园环境景观设计。

项目概况:这里所涉及的是一个实际操作项目,它位于北京芳古园区,集中绿地面积约 8 000 m^2。四周为高层居民楼,中间围合而成现在这块区域。项目进度处在房屋搭建阶段。

设计思路及设计方案:经过地形分析,长约 120 m,宽约 60 m,下面为停车场,设计布局受车库入口影响,一分为二两部分。

作业:根据所给资料,合理设计地形景观,并绘制相应图纸,包括平面图、立面图和效果图。

图 2-3-18　中心花园亲水小品,给大人和孩子以室外与水嬉戏的场所

图 2-3-19　大人闲谈和儿童嬉戏的中心花园一角，既可以闲话家常、洽谈业务，又可以照看好孩子

图 2-3-20　中心活动广场和散步亲水空间

图 2-3-21　矩形元素在广场的应用，矩形的书、矩形的座椅花钵、矩形的踏步和道牙石

图 2-3-22　粗糙材质在中心广场的应用

项目四　居住区入口及组团景观设计与实训

授课内容　居住区入口景观的要求、种类和设计处理及组团景观常见处理手法；居住区入口及组团景观设计实践操作；居住区入口及组团景观设计作业练习。

实训目的　了解居住区入口景观的要求、种类和设计处理及组团景观常见处理手法。

课题课时　6 课时。

作业要求　灵活运用园林景观要素，合理组织环境空间，进行方案设计，并对方案进行表达与展示。

居住区入口及组团景观设计理论基础与内容

居住区入口景观作为居住小区景观的重要组成部分，既是展示居住小区对外形象的窗口，又是城市街道中具有特色和吸引力的景观之一。居住小区入口不仅能够丰富和改善居住小区的整体环境，提高居住区的生活环境质量，而且作为居住小区和城市街道的融合点，还能够美化街道和增加城市街道的吸引力，甚至为城市的发展增添活力。本节就居住区入口常见形式、影响居住区入口设计的主要因素 、设计要素(例如植物、铺地、陈设、雕像等)等进行探讨。

一、居住区入口景观设计要求

居住区入口景观设计要满足其基本功能和衍生功能两方面的要求,其中基本功能又可以分为交通功能、防御功能和标志功能,衍生功能又可以分为交流场所、过渡空间和文化象征。

(一)基本功能

1. 交通功能

1)避免人车混杂

可在主入口车辆进出的两侧或者单侧设计供人进出的通道,并有适当的高差(100 ~ 150 mm),尽可能与小区内的步行系统相联系,如图 2-4-1 ~ 图 2-4-3 所示。

图 2-4-1　上海新湖明珠城小区和华山丽苑主入口(分别设置了车行和步行的通道,步行通道与小区内部道路系统相连,并设有高差)

图 2-4-2　上海河滨花园车行和步行主入口(左为车行入口,右为步行入口)

图 2-4-3　好景山庄项目设计时就考虑了人行入口与车行入口

2)主入口设置与城市交通干道保持适当的距离

当小区主入口与城市主要干道相连时,应该留有足够的空间,使进出的车辆安全地进入小区或是加入到城市干道的车流中,如图 2-4-4、图 2-4-5 所示。

图 2-4-4　银城项目西堤各区,包括紫荆园都在入口处
设计了大面积的铺装广场,便于车辆出行

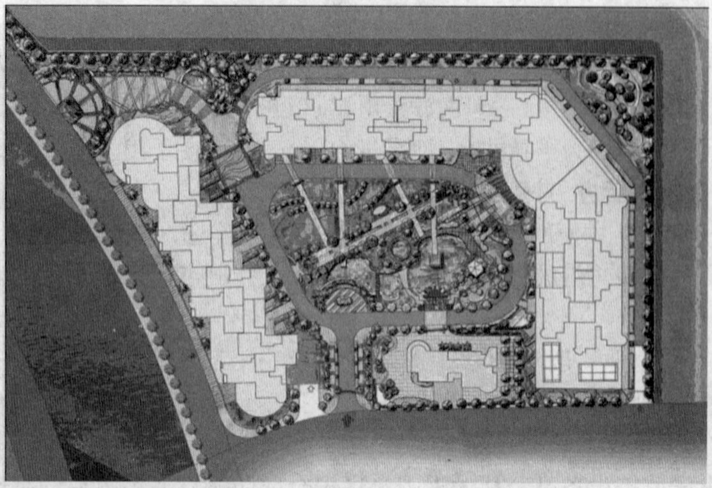

图 2-4-5　将主入口的开设位置远离主干道

3)选择适当的铺装,合理设计小区入口高差的问题

为了交通通行的安全,入口设计时应选用防滑的铺装,有些小区由于与城市干道存在高差,设计的时候又没有充分考虑到入口和城市干道的预留距离,导致在很短的距离内高差变化过大,使机动车或者非机动车在进入城市干道时存在较大的危险,如图 2-4-6 所示,在做铺装设计时,应考虑在混凝土等硬质铺装上做防滑沟槽处理或者选用沥青、PMMA 等防滑路面。

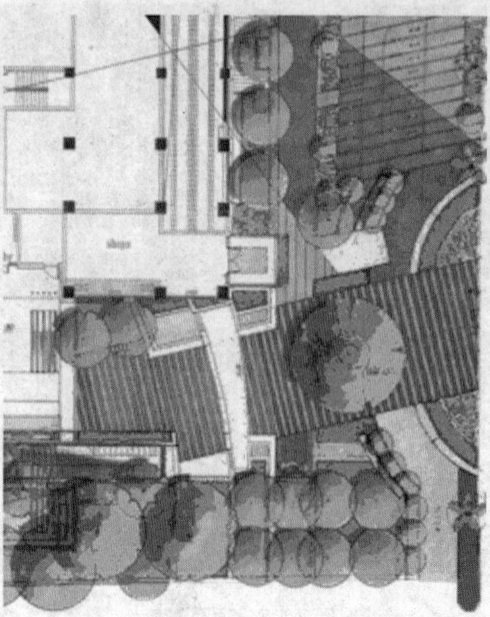

图 2-4-6　锦一方项目东侧入口,项目内部标高与市政标高相差 1 m,所以应选择适当的防滑材料

2. 防御功能

出于领域感和安全的考虑,住户希望把小区限定起来,因此小区的主入口成为防御的主要环节。

1）构筑物（例如门卫间、大门等）

（1）门卫间。使用面积：不小于 3 ~4 m^2。配备设施：主要配备可供单人使用的桌椅、电源接口（3 个以上）、网络接口，考虑放置电脑、值班记录及值班人员个人物品的储物空间。门窗要求：窗户最好为推拉式，离地高度 60 cm 为宜，便于门卫坐着观察外部情况；开门最好位于门卫室正后方，对两侧通行不造成影响。

（2）大门。如果从方便的角度考虑，电子移动门为首选，但随着楼盘对大门形象要求的提高，现在高大的铁艺门成为首选，再搭配道闸、人行刷卡门形成小区的安全屏障。

2）门卫

现在住宅小区物业一般门岗 4 班倒，一个门卫一年工资约 3 万，一年一个大门的最少支出为 12 万左右，所以规划在景观出入口设计时，一定要考虑门卫的经济化配比。

3）电子智能安全系统

摄像头、电子监控设备已经成为保卫小区安全的防御设备最重要的组成部分，最早开始使用的是远红外探头，一旦有人入侵，会报警，现在引进了更为实用的电子围栏。

3. 标志功能

住宅小区主入口是沿街立面的重要组成，是城市印象的一部分。入口是脸面，开发商付出与整个小区建设投入的总成本相比较而言微不足道的一部分资金来设计建设出入口便可以提升其产品整体品质，如图 2-4-7 所示。

图 2-4-7 项目景墙

例如上海大华清水湾住宅小区主入口采用自然的植物、叠石和开阔的广场相结合，削弱门卫间这个建筑物的体量和存在感，采用了玻璃作为门卫间的主体建筑材料，使传统意义上的主入口变得生动和富有情趣，使经过之人无不驻足观望。在小区销售之时，主入口的设计成为了宣传的主要对象，为小区的销售发挥了很好的作用，如图 2-4-8 所示。

图 2-4-8 上海大华清水湾住宅小区主入口设计

(二)衍生功能

1. 交流场所

小区主入口设计除满足基本需求外,为当地居民提供一个良好的交流场所,也成为了现代住宅小区主入口设计的新要求,是评价小区入口设计的一个重要依据。

例如重庆金科阳光海岸,时尚的购物街区与大门相结合,诱发了小区居民和周边小区居民在饭后休息时间到此聊天、购物等活动的产生,既满足人们的交往需求,也使整个社区生气勃勃,大大改善了邻里关系,如图 2-4-9 所示。

图 2-4-9 重庆金科阳光海岸主入口设计

2. 过渡空间

通过有组织的空间设计和序列排布,有秩序地引导人们进入住宅区。利用门体,利用广场、坡道的铺装材质,利用雕塑等构筑物,利用树木、花、草等绿化景观,利用光、水等自然元素统一协调的设计处理过渡空间,从而达到联系城市空间和居住区空间的作用,从一个开放式的大环境引入到相对封闭的小环境,如图 2-4-10 所示。

3. 文化象征

入口的设计往往展示了社会文化和建筑文化,包含了时代文化、区域文化和民族文化。一个优秀的入口作品是具有个性特征的。一个成功的入口是可以通过空间的形态、材质、色彩、细部设计等因素来营造出一种浓郁的文化气息和时代气息,如图 2-4-11 所示。

图 2-4-10　过渡空间

图 2-4-11　具有文化气息的入口设计

二、居住区入口景观类型

入口景观根据平面布局可以分为广场型入口景观、顶盖型入口景观、轴对称式入口景观、自由式入口景观和绿化型入口景观五类，如图 2-4-12 ~ 图 2-4-16 所示。

三、居住区入口景观构成元素的处理方法

(一)门

1. 建造形式

1)独立式

独立式的小区主入口是指完全与小区建筑物脱离，仅和围墙相连，或与植物景观相连，如图 2-4-17 所示。

图 2-4-12　广场型入口景观设计

图 2-4-13　顶盖型入口景观

2)组合式

门体往往和建筑物相连,例如与沿街底商相连或附着于住宅建筑或为架空层,如图 2-4-18 所示。

图 2-4-14　轴对称型入口景观

图 2-4-15　自由式入口景观

图 2-4-16　绿化型入口景观

图 2-4-17 西堤国际独立式入口

图 2-4-18 龙湖枫香庭组合式入口

2. 构图形式

1) 对称式

强调中轴线,把门卫设置于入口道路的中间,同时道路两侧再以行道树或者是建筑体、构筑物加以强调,如图 2-4-19 所示。

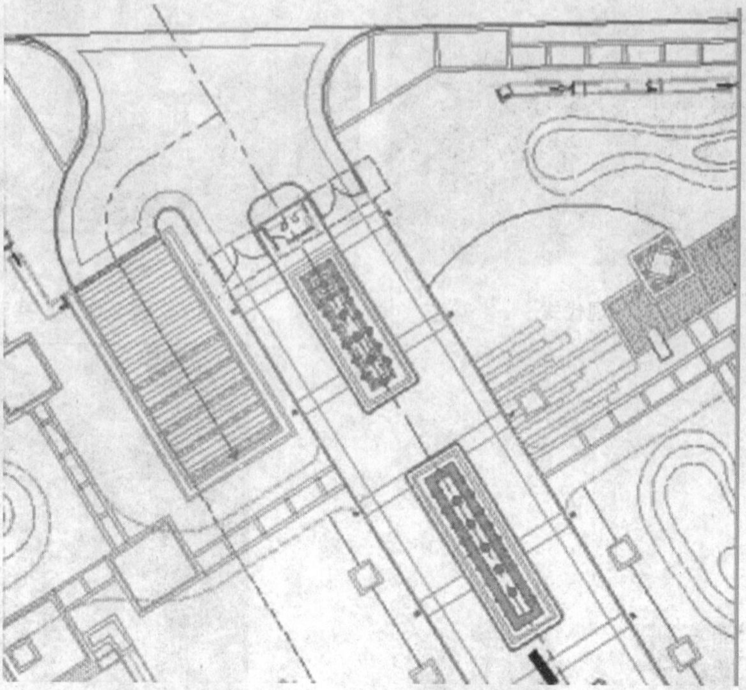

图 2-4-19 西堤国际对称式入口

2) 自由式

自由式小区主入口可以被认为是除对称式入口外的所有形式,如图 2-4-20 所示。

3. 风格类型

小区主入口风格类型有现代式、西方古典式、中国古典式、混搭式等,如图 2-4-21 ~ 图 2-4-24 所示。

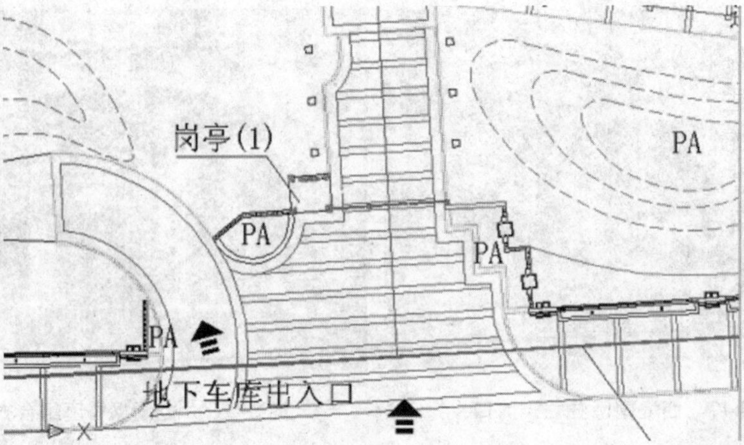

图 2-4-20　紫荆园自由式入口

图 2-4-21　现代式

图 2-4-22　西方古典式

图 2-4-23　中国古典式

图 2-4-24　混搭式

(二)铺装

(1)选用防滑的铺装。

(2)选择适合车行和步行强度的铺装(厚度不小于 5 cm,并且垫层增加钢筋网)。当铺装地面相对较大,色彩变化规则且接近并且无方向性的形式出现时,会暗示一种静态的停止空间,适合用于休憩功能的入口广场;当铺装地面相对较小,色彩变化鲜明且有方向性出现时,会暗示一种动态的活动空间,适合用于激发活动产生的入口广场。如图 2-4-25 所示。

图 2-4-25　地面铺装

(三)围墙

1. 材质设计

围墙材质有砖、铸铁、玻璃、金属等多种元素可供选择,如图 2-4-26 所示。

图 2-4-26　不同材质围墙

2. 尺度设计

现在围墙在起到安全作用的时候,也通过自身高度和标段中构件之间间隙尺度的设计,或者是选用通透的玻璃材质使小区的内外在视线上达到沟通。绿意渗透出了小区,不免使人联想到“ 一支红杏出墙来” 的意境,如图 2-4-27 所示。

图 2-4-27　通透的围墙

3. 形式设计

平面设计的多样化使得围墙的二维设计更加多样,在二维设计不断丰富的同时,向三维的设计发展。层次感、造型感都得到很大发展,例如有些小区的围墙上安置了花坛;在平面构成上出现了弧形、折线形、重叠等多种形式,在立面上配合门体设计有节奏地变换高度,如图 2-4-28 所示。

图 2-4-28　平面设计的多样化使得围墙的二维设计更加多样

(四)雕塑与小品

雕塑和小品往往是小区入口的点睛之处。雕塑和小品通常配合小区入口广场设计,体现小区风格主题,同时具有相关的功能价值,如图 2-4-29、图 2-4-30 所示。

图 2-4-29　小区主入口罗马骑士雕塑体现出小区的古罗马风格特点

图 2-4-30　小区门口的水景小品

(五)植物

1. 强调入口轴线

植物种植的位置往往在广场(外广场或内广场)的中心点,以花坛或人工的地形上种植为主,如图 2-4-31 所示。

图 2-4-31　中心广场的植物种植

2. 强调区域分割

一种是类似于行道树或者绿化隔离带的种植方式,在车行道和人行道之间间隔适当距离挖树池种植乔木或连续种植灌木,另一种是作为入口区域和城市区域之间的界限,在入口与城市干道交界处有间隙的设置了树池,如图 2-4-32 所示。

3. 提升项目品质

起美化作用,成为大门的画龙点睛之笔,让大门口充满生气,营造美好的回家氛围,提升楼盘的品质感,如图 2-4-33 所示。

(六)水

主入口设计中,水起到点缀和突出重点的作用,在小区入口的设计中往往采用的是动态的设计手法,喷泉、叠石瀑布等,以水来活化入口环境。但水景是需要维护的, 需要保

图 2-4-32　行道树或者绿化隔离带的种植，入口与城市干道交界处有间隙的设置了树池

图 2-4-33　用鲜花装点门面

持水体的清洁，保持水景时常开，因为这些动水需要设备的支持，一旦不使用，除了隐藏设备会暴露，水体质量也会变差，此时的喷泉带来的不是视觉上的享受，而是对整个入口形象负面的影响，如图 2-4-34 所示。

图 2-4-34　入口处设计的跌水小景

四、组团景观的设计内容

（一）组团绿地形式及布局

常见的组团绿地形式及其相应的布局方法有以下几种类型。

1. 庭院式组团绿地

庭院式组团绿地位于建筑组群围合成的庭院式的组团中间,平面多呈规则几何形,绿地的一边或两边与组团道路相邻,如图 2-4-35 所示。

图 2-4-35　庭院式组团绿地

特点:不易受行人、车辆的影响,环境安静,由于被住宅建筑围合,空间有较强的庭院感。

布置方式:可采用规则式或自然式的布局形式,不设专门的出入口,一般在冬季有充足日照的绿地南部靠近组团道路一侧布置活动场地,场地中布置花坛、艺术小品、小水景、石景等,在绿地西北部布置树丛,安排园椅等休息设施。

2. 林荫道式组团绿地

在组团的建筑组群布局时,结合组团道路或居住小区主干道扩大某一处住宅建筑间距,形成沿着居住小区主干道(或组团道路)较狭长的组团绿地,如图 2-4-36 所示。

布局:大多采用规则式,沿组团绿地平面的长轴构成一定的景观序列,根据绿地长度和宽度布置数个各有特点、风格协调的活动场地,场地中配置花架、廊、花坛、宣传廊等,构成组团绿地空间范围的乔木树丛的配置,可结合组团绿地周边居住区道路绿化和住宅建筑前后的宅旁或宅间绿地的绿化布置。

3. 山墙间组团绿地

在行列式住宅布局中,扩大部分东西相对或错位的住宅建筑间的距离,在建筑山墙之间布局组团绿地,绿地至少有一侧毗邻小区的主干道或组团道路。这种绿地的布局形式有效地改变了行列式布局的住宅建筑群山墙间仅有道路空间所形成的狭长的胡同状的空间格局,组团绿地与宅旁间绿地互相渗透,扩大了组团绿地的空间范围。在山墙边有一定宽度的宅旁绿地中或组团绿地接近山墙处配植乔木树丛。在住宅建筑的山墙之间,灵活布置活动场地。比如健身器材、小水景。

4. 结合公共建筑

社区中心的组团绿地,一般面积较大,四周环境较为复杂,空间较为开敞,布局上一般使活动场地与社区中心紧密联系,如图 2-4-37 所示。

图 2-4-36　林荫道式组团绿地

图 2-4-37　社区中心组团绿地

5. 临街组团绿地

位于临街或居住区主干道一侧，或位于居住区次干道交汇处一角。对于丰富街道或居住区主干道景观,减少住宅建筑受街道交通影响均十分有利,如图 2-4-38 所示。

图 2-4-38　临街组团绿地

6. 独立式组团绿地

由于居住区规划用地形状的限制,组团绿地布局在不便布置住宅建筑的角隅空间,内部布局形式灵活,在朝向居民,进入绿地的部位,可设立醒目的标志景物和布置出入口,如图 2-4-39 所示。

图 2-4-39　独立式组团绿地

居住区入口及组团景观设计实践操作

案例一:沈阳道义经济开发区江南甲第居住区

项目占地 400 多亩,绿地 180 380 m^2,周边是国家级星火工业密集区。项目总平面图见图 2-4-40,效果图见图 2-4-41。

案例二:成都双流邦泰华府居住区

项目位于成都双流,现建成高档的公馆。项目总平面图见图 2-4-42,效果图见图 2-4-43。

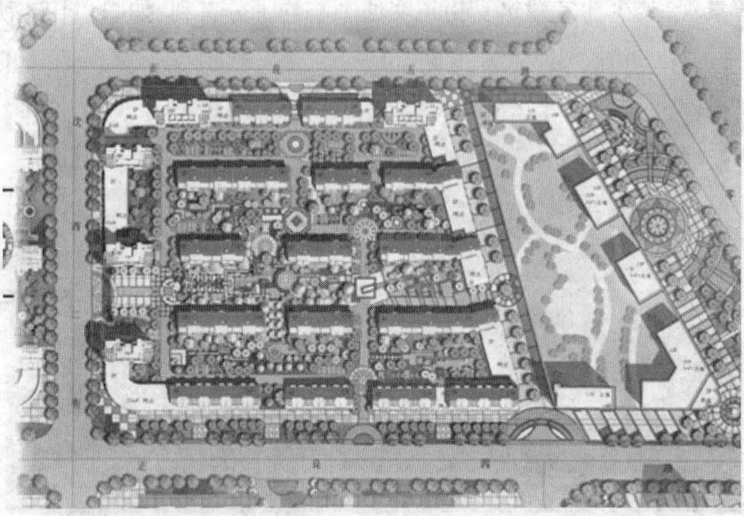

图 2-4-40　总平面图

图 2-4-41　效果图

续图 2-4-41

续图 2-4-41

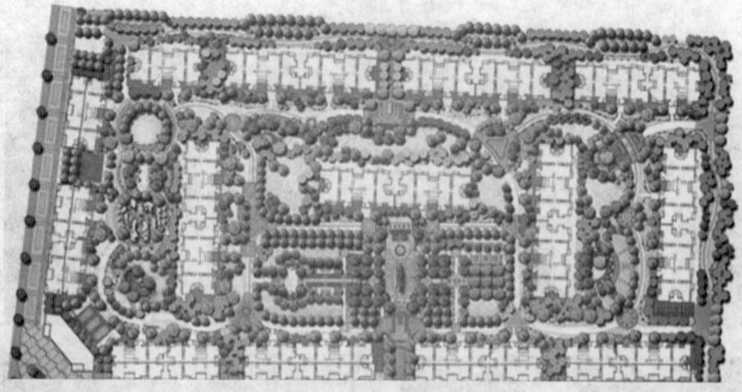

图 2-4-42　总平面图

图 2-4-43　效果图

续图 2-4-43

续图 2-4-43

居住区入口及组团景观设计作业练习

项目名称：咸阳凤凰世家居住小区组团绿地景观方案设计

项目概况：项目位于咸阳市渭城区人民路凤凰广场东北角，北接民生路，西邻新兴路，东邻火车站，交通便捷。项目总占地 5.25 hm^2，规划总建面积 33.86 万 m^2，由 13 幢高层组成，总户数 2 700 户，绿化率达 38.5%。项目整体采用现代简约式建筑风格，形成了围合感强的建筑庭院空间。

项目任务：明确设计原则；明确设计主题及特点，进行设计构思；明确功能，确定主要景观节点及景观构成元素；根据情况进行必要的场地地形设计，改造并利用地形或水系；种植设计，根据场地特点，确定主要树种（乔木及灌木）。

项目五　城市道路景观设计与实训

授课内容　城市道路的分类标准;城市道路景观的附属设施及相关设计;城市道路景观设计作业练习。

实训目的　了解道路景观的分类标准,熟悉城市道路景观中的附属设施类型及作用,掌握不同道路景观功能特点和设计处理手法。

课题课时　6 课时。

作业要求　正确理解和应用城市道路的规范和标准,结合道路所处场地氛围,合理布置道路景观空间,注重生态性、休闲性、场所性的营造。

城市道路景观相关理论基础及设计

道路作为城市交通要道或者生活街坊,是人们重要的城市公共空间之一,也是展现城市景观风貌的窗口,成为了城市形象的重要体现。同时,随着社会的发展,人民生活水平的提高,人们对精神生活、周边环境的要求也越来越高,人们便逐渐将路边造景形式、形态表现等演变为一系列的美学形式。这些都要求我们十分重视城市道路的景观设计。

一、城市道路景观相关理论基础

(一)城市道路景观的含义

城市道路景观是城市景观的重要组成部分,能够直接体现城市的风貌、道路空间的个性、市民的生活环境,成为城市居民的日常性视觉审美客体,乃至成为城市文化的重要组成部分。

城市道路景观要素通常有地形、植物、建筑物、构筑物、绿化、小品等组成的各种物理形态。道路景观展示出了在道路使用者视野中的道路线形、道路构筑物和周边环境,即从道路上看到的一切东西,包括自然物和人工物,如图 2-5-1 所示。

(二)城市道路的分类标准

城市道路(街道及郊区道路)的功能为综合性的。1991 年施行的部标《城市道路设计规范》(CJJ 37—90)将城市道路分为快速路、主干道、次干道、支路四大类,1995 年 9 月施行的国标《城市道路交通规划设计规范》(GB 50220—95)对该法进一步深化,并明确指出各类道路的机动车设计时速、道路网密度、机动车道条数、道路宽度等技术指标。一般情况下我国道路等级划分标准,根据国家《城市规划定额指标暂行规定》的有关规定,道路还可划分为四级,如表 2-5-1 所示。

在我国《城市道路设计规范》(CJJ 37—90)中及《城市道路交通规划设计规范》(GB 50220—95)中,将城市道路分为快速路、主干道、次干道和支路四类。

图 2-5-1　城市道路景观中动静景观

表 2-5-1　城市道路分类标准

等级	适用条件	设计车速（km/h）	机动车车道数	车道宽度（m）	非机动车车道宽度（m）	分隔带设置情况	道路规划总宽度（m）
Ⅰ	特大城市主干道	60～80	≥4	3.75	≥6～7	必设	40～70
Ⅱ	1. 特大城市的次干道 2. 大、中城市主干道	40～60	≥4	3.75	≥5	应设	30～60
Ⅲ	1. 特大城市居住区道路 2. 大、中城市次干道 3. 小城市主干道	30～40	≥2	3.50	≥3	可设	20～40
Ⅳ	1. 大、中城市居住区道路 2. 小城市的次干道	<30	≥2	3.00		不设	16～30

1. 快速路

快速路在特大城市或长度超过 30 km 的带形城市中设置，主要联系市内各主要区域、市内和主要的近郊区、卫星城镇、主要对外公路。它主要为城市中大量、长距离、快速交通服务，具有较高的车速和较大的通行能力。

（1）只准汽车行驶，禁止行人和非机动车进入；

（2）每个行车方向至少有两条机动车道，中间设置宽度不小于 1 m 的中央分隔带；

（3）大部分交叉口采用立体交叉（人行横道亦应设立体交叉）；

（4）控制快速车道的出入口，车辆只能在指定的地点进出；

（5）计算行车速度为 80 km/h 或 60 km/h。

不具备上述要求的为常规道路。

2. 主干道

主干道是为连接城市各主要分区的干线道路，以交通功能为主。自行车交通量较大时，宜将机动车与非机动车分隔开，如三幅路或四幅路。

主干道两侧不应设置吸引大量车流、人流的公共建筑物的进出口。

主干道联系城市的主要工业区、居住区、港口、车站等客货运中心，承担城市的主要客货运交通，是城市内部的交通大动脉。

(1)主干道一般设 6 条车道，或 4 条机动车道加有分隔带的非机动车道。

(2)主干道一般不设立体交叉，而是采用扩宽交叉口引道的办法来提高通行能力。个别流量特大的主干道交叉口，也可设置立体交叉。

(3)主干道沿线不宜设置吸引大量人流的公共建筑(特别是在交叉口附近)，必须设置时，建筑物应后退，让出停车和人流疏散场地，不宜搞成商业街，街坊出入口应尽量设在侧面支路。

3. 次干道

次干道是城市中数量较多的一般交通性道路。配合主干道组成城市干道网，起联系各部分和集散交通的作用。

(1)一般不设立体交叉，部分交叉口可以扩大，并加以渠化，一般可设 4 条车道，也可不设单独的非机动车道。

(2)次干道兼有服务功能，允许两侧布置吸引人流的公共建筑，但应设停车场。

4. 支路

支路是次干道与街坊路的连接线，用来解决局部地区交通，以服务功能为主。

支路是一个地区内(如居民区内)的道路，是地区通向干道的道路。部分支路用以补充干道网的不足，可以设置公共交通路线，也可以作为自行车专用道。支路上不宜通行过境交通，只允许通行为地区服务的交通。

除快速路外，每类道路按照所在城市的规模、设计交通量、地形等分为Ⅰ、Ⅱ、Ⅲ级。特大城市及大城市应采用各类道路中的Ⅰ级标准，中等城市应采用Ⅱ级标准，小城市应采用Ⅲ级标准。各类各级城市道路的主要技术指标见表 2-5-2。

表 2-5-2　城市道路的主要技术指标

道路类别	级别	设计车速(km/h)	双向机动车道	机动车车道宽度(m)	分隔带设置	横断面采用形式
快速路		60 ~ 80	≥4	3.75 ~ 4	必须设	双、四幅路
主干道	Ⅰ	50 ~ 60	≥4	3.75	应设	单、双、三、四幅路
	Ⅱ	40 ~ 50	3 ~ 4	3.5 ~ 3.75	应设	单、双、三幅路
	Ⅲ	30 ~ 40	2 ~ 4	3.5 ~ 3.75	可设	单、双、三幅路
次干道	Ⅰ	40 ~ 50	2 ~ 4	3.5 ~ 3.75	可设	单、双、三幅路
	Ⅱ	30 ~ 40	2 ~ 4	3.5 ~ 3.75	不设	单幅路
	Ⅲ	20 ~ 30	2	3.5	不设	单幅路
支路	Ⅰ	30 ~ 40	2	3.5	不设	单幅路
	Ⅱ	20 ~ 30	2	3.25 ~ 3.5	不设	单幅路
	Ⅲ	20	2	3.0 ~ 3.5	不设	单幅路

二、城市道路景观附属设施特点及分类

(一)城市道路景观附属设施特点

城市道路景观规划设计在很大程度上落实于城市道路附属设施之上,即城市道路景观附属设施设计原则的统一与整合,将最终表现为城市道路景观的可视度。它们本身也有着显著的、共同的特点,归纳起来大致有以下几点。

1. 文脉、艺术性

城市道路景观环境中那些具有历史意义的设施往往给人们留下比较深刻的印象,也为道路和城市建立独特的个性奠定了基础。城市道路景观在三度空间内艺术的组织、安排各景观要素,如建筑物、构筑物、动植物、山水地形地貌等。它虽不同于纯粹艺术,但与其有共通性,可从中吸收营养和创作的源泉,如图 2-5-2、图 2-5-3 所示。

图 2-5-2 创意路灯造型

2. 连续性、整体性

城市道路景观记载着城市的演进,包含了植物的生长、水的流动、景观的历史变迁等许多方面。道路景观设计就是将道路空间中各景观要素置于一个特定的时空连续体中加以组合和表达,将道路景观作为整体考虑,统一考虑道路两侧的建筑物、绿化、城市道路家具、色彩、历史文化等,避免其成为片段的堆积和拼凑,如图 2-5-4 所示。

图 2-5-3　指示标识牌的创意造型

图 2-5-4　道路景观的各景观要素、附属设施等协调统一

3. 可识别性

可识别性是道路交通安全的重要内容，也是道路及其相关设施设计的基本功能要求。我们需要通过对道路设施的造型、色彩、体量及相互之间的协调来增加道路的可识别性。比如可以以景观铺装中的色彩、构成形式、材质及上升与下沉等手段来区划交通，界定人行道与车行道边界，提示步行街范围，如图 2-5-5 所示。

4. 公共性

城市道路周围的公共设施与私有设施不同，其被设置于最引人注目和最有可能被人们利用的地点，鼓励人们参与其中，因此具有明显的公共性。道路公共设施和街道小品应满足道路作为市民公共活动空间需要的信息交流、休闲甚至游赏娱乐等多种使用需求，因体积小、外形美、用材巧、种类繁多、实用性强而体现出变化多样的造型而被人们认可，并越来越受到人们的普遍重视和高度赞扬，如图 2-5-6 所示。

图 2-5-5　人行道与车行道铺装材料不同，以区分不同功能

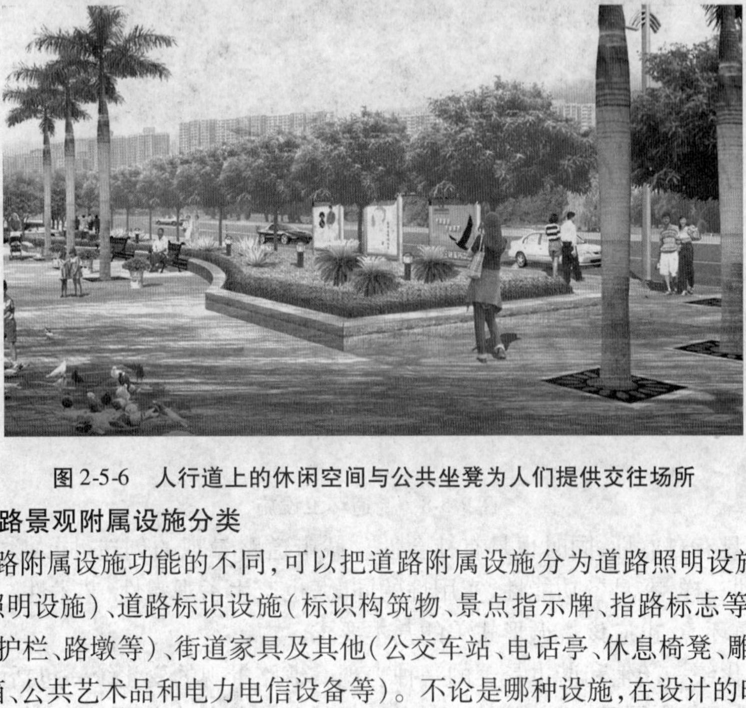

图 2-5-6　人行道上的休闲空间与公共坐凳为人们提供交往场所

（二）道路景观附属设施分类

按照道路附属设施功能的不同，可以把道路附属设施分为道路照明设施（功能照明设施、景观照明设施）、道路标识设施（标识构筑物、景点指示牌、指路标志等）、人车分离设施（护柱、护栏、路墩等）、街道家具及其他（公交车站、电话亭、休息椅凳、雕塑、邮筒、报刊亭、垃圾箱、公共艺术品和电力电信设备等）。不论是哪种设施，在设计的时候，都应该在条件允许的情况下，尽量选用优美而有特色的造型，为城市道路景观增添亮点，如图 2-5-7、图 2-5-8 所示。

三、城市道路景观设计

（一）城市道路景观设计的理论基础和原则

1. 城市道路景观设计的理论基础

1）美和美学思想

美是人们理想的表现，它是在理想化了的对象中出现的透明的理念。

图 2-5-7　街道家具

图 2-5-8　街道环卫设施

首先,美具有自然性,同时也具有社会性。城市道路景观的创造,同人类改造自然的其他建设活动一样,在具备功能性、实用性的同时,也产生了观赏性、艺术性。如何创造优美的道路交通环境,也应该遵循形式美的基本要求。

其次,变化统一产生和谐也是美的一种表现。道路景观的变化统一包括两个方面:一方面是道路景观与周围环境的协调统一,以及保持与周围的自然环境、社会环境、人文环境和其他道路景观风格的协调统一;另一方面是道路本身结构各部分的变化与统一。

另外,道路的结构形式及材质方面的选用,要遵循对比与相似的法则。

2)色彩

色彩的选择主要受五方面的影响:①景观的使用性质、风格、形体及规模影响色彩的选用;②地区气候条件对景观色彩设计的影响;③所在环境对景观色彩设计的影响;④建筑材料对景观色彩设计的影响;⑤地方性建筑材料对景观色彩设计的影响。如图 2-5-9 所示。

图 2-5-9　道路材质、色彩与周边环境景观要素的协调统一

3）城市道路空间中人的视觉特征

道路景观美是视觉的艺术。包括动态的和静态的，如图 2-5-10 所示。

图 2-5-10　道路动态景观的连续性

2. 城市道路景观设计原则

城市道路景观的设计原则要做到统筹兼顾，结合影响城市道路的外部因素，从用路者

的角度出发，合理安排和布置各个景观构成要素。

1）以人为本原则

城市道路是人们日常生活的一个重要场所，对于它的景观要从使用者的角度出发，满足人的各种生理和心理需求。一个好的道路景观设计要处处以人性化的观念为指导，既要保证视觉效果柔和、创作理念独特，并给人美的享受，又要把握全局，不要过于繁杂，以免细观时分散驾驶者的注意力，从而影响行驶安全。

2）地域性原则

每个城市都有各自不同的历史背景、不同的地形和气候，居民的观念和生活习惯也不尽相同，道路设计中要充分体现这些城市中的独特个性，满足不同地区居民的功能及审美需要。地域性的体现主要通过各设计要素表现城市的风貌、人文、历史等，如图 2-5-11 所示。

图 2-5-11　上海新天地步行街旧街改造修旧如旧，突显历史、地域特色

3）整体性原则

城市道路景观的设计要从城市整体出发，防止将道路与其周围环境孤立地规划设计。整体性原则可以分为两个方面：一是从城市整体出发，城市道路景观要为体现城市的形象和个性服务，要在变化中求统一、统一中有变化，既保证城市整体景观的统一，又保证城市道路变化的丰富多彩，使整个道路景观成为城市公共空间的有机组成部分；二是从道路本身出发，将一条道路作为一个整体来考虑，统一考虑道路两侧的建筑物、道路文化等，避免将一条完整的道路变成片段的堆砌与拼凑。如图 2-5-12 所示。

4）可持续发展原则

可持续发展具有两层含义：第一，它强调发展要满足人的需要，以提高人的生活质量为最高目标。第二，要关注对发展有影响的所有因素，包括环境的、经济的及社会的等几个方面，要认识到所有因素既有独立性，又在多数时候有互为因果的关系。在城市道路景

图 2-5-12 道路作为整体进行考虑

观的营造中，应崇尚自然、追求自然，力求达到人与自然的充分融合。

（二）城市道路景观附属设计内容

道路设施的设置要在以人为“尺度”的基础上保证行人通行不受影响，各类道路设施的形式、色彩、材质宜与整个道路景观相适应，在多样性中体现统一性、功能性、艺术性，在作为艺术景观观赏的同时，也要满足广大市民的需求和爱好，体现双向互动。

1. 城市道路照明设施

1）道路照明设施的功能要求

随着经济的繁荣，照明已发展成为集照明、装饰功能于一体，并赋予了文化的内涵，构成了城市夜晚环境的一道亮丽风景线。

2）道路照明设施的设计原则

灯光照明可以塑造道路绚丽多彩的夜景，照明设计时可以考虑道路照明、建筑物泛光照明、广场绿地照明的综合照明效果。照明灯具的灯柱选择除满足亮度要求外，造型非常重要，各取所用，从不同视觉角度刺激人们的目光，从而影响人们的行为和心理的变化，为人们提供了物质功能和精神功能的双重价值，如图 2-5-13、图 2-5-14 所示。

图 2-5-13 韵律变化的路灯设计

图 2-5-14　会发光的公路

2. 道路标识设施

1) 标识设施的功能要求

标识设施主要指的是一些跨街标识构筑物、景点指示牌、指路标志等，主要功能是方便人们判断自己在城市道路中的位置，它应设置在人们易于观察到的场所。道路标线和标志、标牌，可对道路上运行车辆的方向和边线起引导作用，使其进行有序的运行，从而可减少车辆的冲突和减轻交警的工作强度，保证行车的安全与畅通。

2) 标识设施设计原则

交通标识是道路上通过文字、符号等表达的视觉信息，标识的设计关键是使人容易辨认标牌上的文字和符号，包括广告牌、环境雕塑小品和设施设计等，如图 2-5-15 所示。在设置标识时，尽量与其他视觉信息设施整合设置。支柱的造型在确保安全性的前提下，应尽可能地采用单纯或突出醒目的设计。

图 2-5-15　标识牌多种形式设计

3. 人车分离设施

1）人车分离设施功能要求

许多城市因交通的需要，以挤占人行道的方式拓宽机动车道，步行者不得已而进入机动车道，增加了交通的危险性；车行道与人行道之间缺乏应有的隔离设施，步行空间因而缺少安全性。为划分活动区域、引导人流，防止车辆和行人进入彼此的区域以确保人车安全，需要设置人车分离设施。

2）人车分离设施设计原则

道路上的人流、车流都是在动态过程中观赏街景，又由于各自交通目的和交通手段不同，所以产生了不同的行为规律和视觉特征，因此对这些设施设计中要把握以人为本的设计原则。

护柱和隔离护栏必须坚固并给人以安全感，质感、色彩应与周围设施环境相协调；隔离护栏的形式应根据不同性质的道路而有所区别，并给人行道足够的宽度。机动车流量大的道路的隔离护栏要考虑快速行驶和远观的效果，造型宜简洁，封闭性宜强；市中心的商业街如需设置隔离护栏，则应考虑步行速度近观时的效果，图案、构件宜精致、通透，并且不应在视觉上突出隔离护栏的存在，在色彩的选择上应注意颜色的明度、色相对城市道路景观带来的影响。隔离护栏亦可与绿化盆栽组合设置，以美化道路景观。如图 2-5-16 所示。

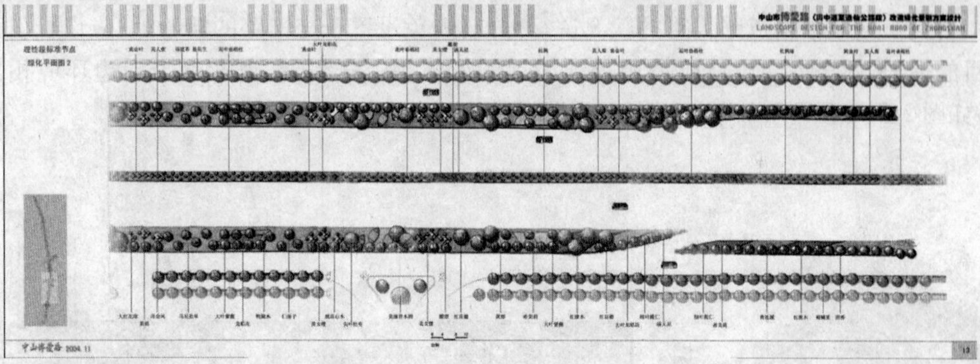

图 2-5-16　上下车道间变化的隔离带

4. 街道家具及其他

1）街道家具设施功能要求

道路中的街道家具，如公交车站、电话亭、垃圾箱、座椅、雕塑、报刊亭、公共艺术品等，由于设计上的自由度较具弹性，故可透过这些道路设施的设计来表现道路个性。通过集约化、代用、兼用、改用等方法对道路景观附属设施进行整合。公交车站是乘坐公共汽车时的停留空间，其配置应考虑行人的使用，并提供安全、方便、易于辨识、可休憩的人性化候车空间。

2）街道家具设施设计原则

街道家具设施应采用能与自然素材结合的设计及材质，并与周边自然环境相协调，并尽量采用合并设计的方式，将道路红线范围内的设施统一整合；城市中具有代表性的道路、广场或休憩地点，都可积极地给予造型上的表现，并以能代表当地的风土、人文特色者为佳。如图 2-5-17 为新材料应用设计构思。

图 2-5-17　新技术、新材料的城市街道小品设计

公交车站应根据道路线路的状况进行分配，避免设置于交叉路的转弯处，应设置引人注目的标志，候车亭的设计应采用单纯简单的形式，并在形式和色彩上与周边环境相协调，如图 2-5-18 所示。

图 2-5-18　城市街道服务设施

座椅多设在城市广场、街旁游园、步行街内，应尽量设置在向阳、避风处，采用无靠背式或是平面式椅凳为佳，应选择光滑、少尘、防水、防晒的材料作为座椅材料，如图 2-5-19 所示。对于垃圾桶，应尽量不使其在路面上过于显眼，最好是根据道路上配套设施一体化设计，注意色彩和自身造型的设计，应跟其他设施相一致。

图 2-5-19　街道座椅设计

城市道路景观设计实践操作

案例分析：中山市博爱路（兴中道至逸仙公路段）景观设计

1. 项目概况

该路段穿过市中心区，长约 10 km。项目现状分析如图 2-5-20 所示。

2. 设计理念

“博爱”，以中山先生的“公为天下”为设计源头。结合中山市的历史事迹及道路绿化效果，将 10 km 长的博爱表述成四种色彩，在色彩之中感受光影带来的肌理，去触摸中山，再现中山印象，如图 2-5-21 所示。

蓝色：理性；

紫色：优雅；

红色：简洁；

黄色：自然。

3. 设计思想

因地制宜。结合道路及周边地形进行良好的融合，使道路和周边建筑物或构筑物与自然景观有良好的呼应，如图 2-5-22 所示。

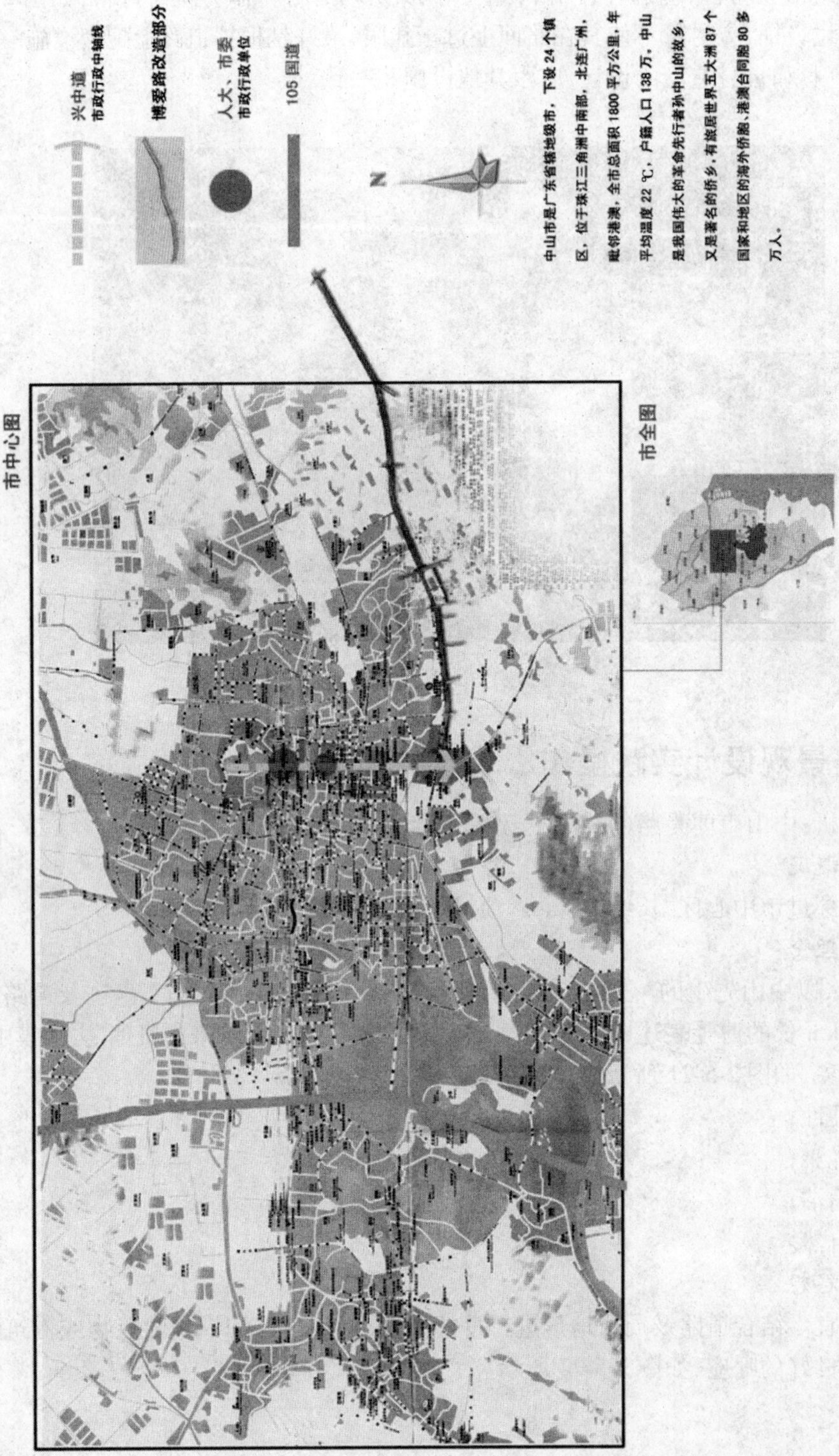
兴中道
市政行政中轴线
博爱路改造部分
人大、市委
市政行政单位
105 国道
N
中山市是广东省辖地级市，下设 24 个镇区，位于珠江三角洲中南部，北连广州，毗邻港澳，全市总面积 1800 平方公里，年平均温度 22 ℃，户籍人口 138 万，中山是我国伟大的革命先行者孙中山的故乡，又是著名的侨乡，有旅居世界五大洲 87 个国家和地区的海外侨胞，港澳台同胞 80 多万人。
市中心图
市全图

图 2-5-20　现状分析图

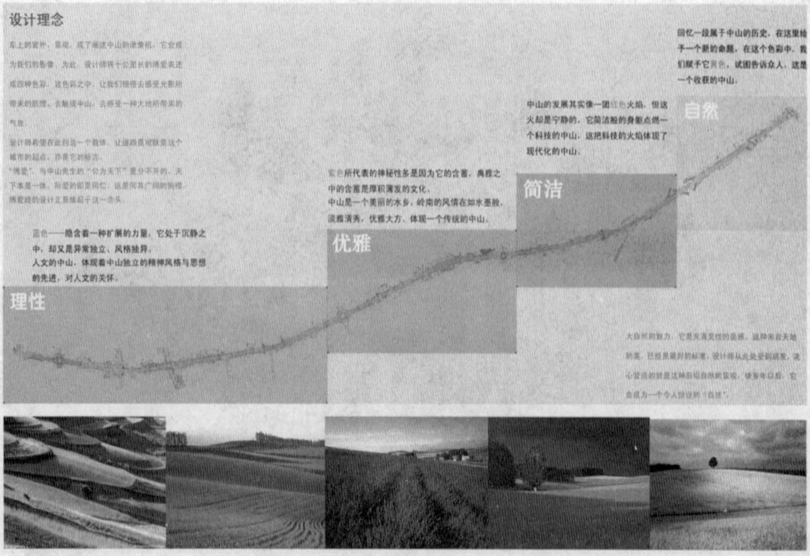

图 2-5-21 设计理念分析图

图 2-5-22 道路周边地形利用分析

4. 道路景观服务设施设计理念

结合道路设计理念，将道路景观中的服务设施等小品景观按照传统形式，而采用新材料、新工艺的新中式手段，如中山木龙可采用玻璃结合灯光等材料以体现夜间的效果。如图 2-5-23 ~ 图 2-5-26 所示。

图 2-5-23　石材景墙设计意向图

图 2-5-24　标志牌设计意向图

图 2-5-25　灯柱设计意向图

图 2-5-26　坐凳设计意向图

城市道路景观设计作业练习

作业:根据所给资料,结合道路现状、周边环境、所在城市的文化、历史特点,设计城市中生活道路景观,并绘制相应图纸,包括平面图、立面图、效果图、材料应用分析图、道路景观服务设施设计节点图等。

项目资料:设计范围位于某城市旧城区生活性很强的旧街区,公路长约 1.5 km,具体城市自定、风格自定。要求对旧街区进行升级改造,以营造城市人休闲生活空间为切入点,合理设计道路服务设施。

项目六　街头小游园景观设计与实训

授课内容　街头小游园的特点和设计处理方式；街头小游园设计作业练习。

实训目的　掌握街头小游园中各设计要素的处理方式。

课题课时　6 课时。

作业要求　结合小游园周边环境，因地制宜，合理组织游园空间，进行方案设计，并对方案进行表达与展示。

随着国民经济的发展，人们对城市环境的要求也越来越高，城市景观建设也越来越多样化，街头小游园是其中的一种，它比公园小，但比一般纯粹观赏的街头绿地功能多样，既能融入居民生活，又能满足居民简单的休憩需求，对建设宜居城市、改善城市生态环境起到重要的作用。

街头小游园的相关基础知识

街头小游园也叫游憩小绿地，是位于城市道路用地之外相对独立成片的绿地，是供人们休息、交谈、锻炼、夏日纳凉和进行一些小型娱乐活动的场所，如图 2-6-1 所示。它是城市公共绿地的重要组成部分，也是城市居民日常接触最多、最常用的一种绿地形式，并且最能反映一个城市绿地形象。它包括街头广场绿地、小型沿街绿化用地等。

图 2-6-1　某街头小游园

一、街头小游园特点

街头小游园是独立的城市公共绿地，一般面积较小，布置灵活，不拘形式，设施简单，多以种植植物为主，可供居民短时间的休息、散步之用，面积约为 5 hm^2，服务半径一般不超过 0.75 km，10 分钟即可到达。常见的街头小游园在功能上包括园林花草树木、舒适的休息空间、儿童嬉戏空间、适当的体育活动空间、可以开展集体活动的开敞空间。

现代城市人口密集，城市用地日趋紧张，因此城市小游园一般面积均不大。在较小的面积进行造园，使得城市小游园在设施内容上比较简单，因此投资比较少。另外，见效快、管理方便也是小游园的一大特点。

街头游园是维系现代城市生态系统重要的绿色基础设施，其构建的园林环境应能够满足游人游憩的需要，同时还要对游园使用主体——游人的游憩行为加以引导，使园区游憩环境、游憩活动与游人的游憩行为相适应。为了有效地满足人们对城市游园日益增长的游憩体验需求，并对园区建设进行规范化管理，根据游园不同类型的地域环境设计不同的游憩活动来引导游憩者避免盲目的游憩行为，对游客参与的活动进行合理组织，通过多种多样游憩机会的提供使游憩者的游憩需求和体验质量得到最好的保障，使街头游园真正成为居民愉悦身心、休闲娱乐的好去处。如图 2-6-2 所示。

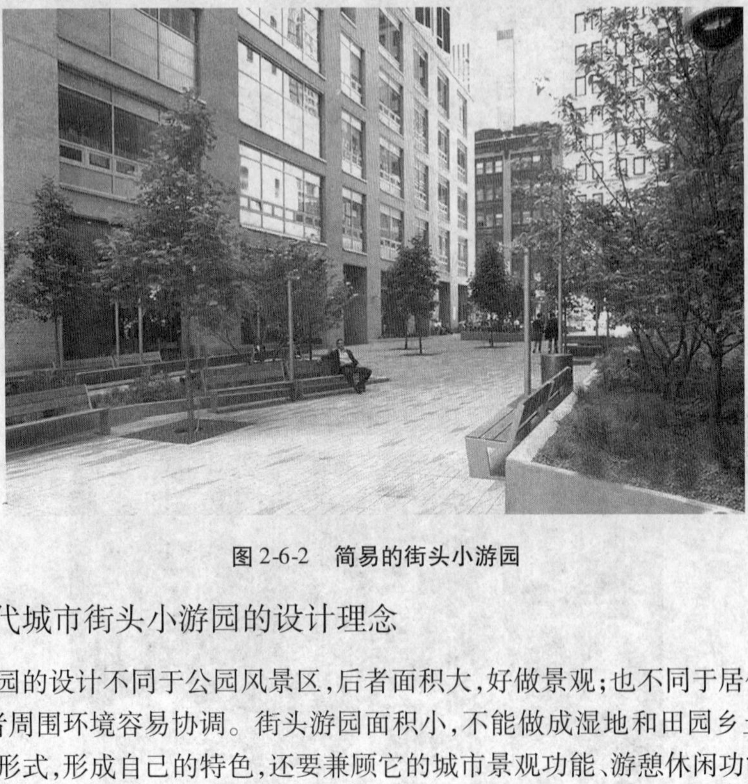

图 2-6-2　简易的街头小游园

二、现代城市街头小游园的设计理念

街头游园的设计不同于公园风景区，后者面积大，好做景观；也不同于居住区、单位内部绿地，后者周围环境容易协调。街头游园面积小，不能做成湿地和田园乡土景观，需要寻求合适的形式，形成自己的特色，还要兼顾它的城市景观功能、游憩休闲功能、体育锻炼功能、生态功能等。从另一方面讲，因其面积较小，布置一般比较灵活，也不拘于一定的形式，可以以某一种设计要素为主，其中以植物为主，结合各种服务及休闲设施。因此，在设计理念上也有其独特的一面。如图 2-6-3 所示。

（一）"以人为本"的设计理念

要充分考虑日照、遮荫、风力等自然因素，有效地组织空间，并结合植物种植，保持街头小游园环境在生理上的舒适；令使用者有安全感；要进行无障碍设计，让残疾人同健康人一样享受游憩生活；同时，通过适当形式使居民参与到街头小游园的建设、维护和管理中。如图 2-6-4 所示。

图 2-6-3　某办公楼下简易街头绿地休闲空间

图 2-6-4　在较小的街角营造“以人为本”的休闲草坪空间

(二)“少即多”的设计理念

街头小游园面积小,所以一切都要本着简单的原则和“少即多”的设计理念,以更少的元素来创造更为深刻的设计效果,如图 2-6-5、图 2-6-6 所示。

图 2-6-5　用垂直绿化为主题营造绿地空间

图 2-6-6　独特的座椅造型，成为街头小空间装饰的主题

（三）"互动性"设计理念

街头小游园的设计要蕴含"互动性"设计理念。互动是指人与人之间的互动，人与"物"之间的互动。这里的"物"包括植物、动物、景观小品、座椅及周围街道环境等因素。"互动性"是一种人性化设计的体现。景观不仅仅可用于观赏，而是要实实在在地满足普通大众的需要，如图 2-6-7、图 2-6-8 所示。

三、现代城市街头小游园的设计原则

（一）统一与整体性的原则

将城市中的街头游园与城市绿地系统作为一个整体，按照城市自然和社会、环境特点，均衡安排和布局大型绿地、防护林带、公园绿地、生产绿地、自然风景区等各种绿地，形成功能完善、结构合理、布局科学的绿地系统，最大程度地提高生态平衡环境的功能，如图 2-6-9、图 2-6-10 所示。

（二）多样性的原则

多样性的景观一方面有助于城市生态系统的稳定和提高抵抗自然灾害能力，另一方面可以满足城市居民多样化的物质、文化需求。此外，多样性又是保护各种自然遗迹和人类历史文化的必要途径。在规划过程中应充分体现多样性原则，尽可能增加城市游园的多样性。

图 2-6-7　人与人、“物”之间的互动休闲

图 2-6-8　人与人互动的休闲空间营造

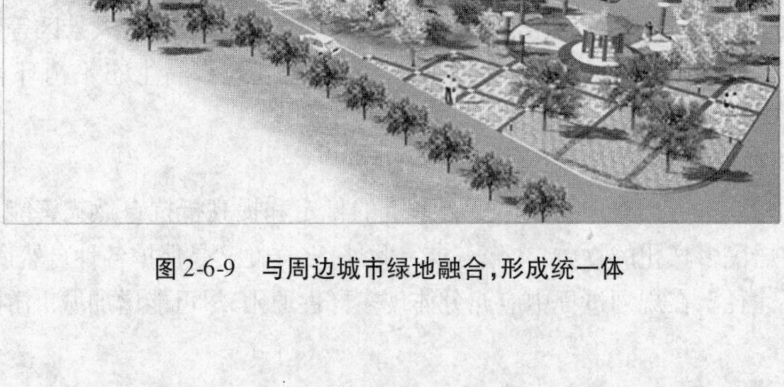

图 2-6-9　与周边城市绿地融合，形成统一体

图 2-6-10　与周边城市绿地融合,形成统一体

(三)因地制宜的原则

生物的区域性分布是物种驯化的基础。植物栽植时大力挖掘地方植物资源,不仅可以减少风险,降低成本,还可以形成与本地自然条件相适应的区域特色。在此基础上,适当引进外来物种以丰富物种资源,并利用不同的植物物种通过合理搭配,建设有地方特色的城市景观。但外来物种的引种与栽培一定要科学合理,而且要经过长期的栽培试验和观察,如图 2-6-11 所示。

图 2-6-11　街头绿地中的植物选择与利用

四、现代城市街头小游园的各设计要素设计

(一)选址

街头小游园的选址十分重要,因为其周围的任何因素都会影响公园的用途、使用者的类型、使用时间和活动内容。总的来说,街头小游园的选址应使周围 0. 75 km 半径范围内的使用者可以步行抵达。此外,选址时应充分考虑建设地的小气候对其利用情况的影响,如图 2-6-12 所示。

图 2-6-12　根据所处地理位置及设计主题营造具有互动性、灵活性、技术领先性、充满艺术与活动性的街道社区绿地，为附近居民、工作者提供另一视角的休闲空间

(二)入口及边界

街头小游园的入口在整个景观设计中举足轻重，应当突出其位置，使路过的人都能够注意到它。例如，在入口处采用引人注目的标识物、铺装、地形的变换或种植醒目的行道树和特殊的植物等方式来突出入口，如图 2-6-13 所示。由于街头小游园的面积一般都比较小，所以其边界应当得到充分的利用。采用纯净的块面草坪种植，既减弱了游园的边界感，又能迎合现代城市的简约现代感；对边界处的建筑物立面在可能的条件下应当尽量加以利用，并进行各种形式的竖向设计，丰富游园的空间。另外，还应该注意临街边界的安全设计问题。

图 2-6-13　入口处通过地形处理，用台阶营造醒目入口

（三）植物配置

植物营造是景观设计中的重要元素之一。在较小的面积中可以通过植物种类及营造不同意境的空间来选择植物。如营造休闲静谧的空间可选择高大庭院类、庭荫类乔木，营造开敞空间可选择草坪或地被类植物。

1. 植物的合理配置

植物的合理搭配不仅能保持和改善环境，满足市民观赏景观的要求，而且能美化环境，满足市民游憩的需要，在静态空间上达到动态的效果。要利用生态学原理，合理选择植物种类，了解种间关系，保证群落的多样性、稳定性和整体性。经过精心配置，既提高了环境质量和舒适度，又节约了成本，易于管理，如图 2-6-14、图 2-6-15 所示。

图 2-6-14　通过不同种类的乔木营造安静休闲的私密性空间

图 2-6-15　静谧的林下空间营造

2. 植物配置中的线形变化

植物的云冠线以流线形为主,规则式为辅,如图 2-6-16 所示。植物的种植,色块的形状和造型都是不规则式的,其变化起伏强烈,节奏和韵律感强,呈现出生动活泼、灵活多变、清幽典雅的自然植被景观。不显得压抑和呆板,能给人以兴奋的感受。

图 2-6-16　通过植株大小及种类的不同营造丰富的云冠线

3. 季相变化

季相变化即营造四时之景。春则繁花似锦,夏则绿荫暗香,秋则霜叶似火,冬则翠绿常延。游园植物四季景色直接体现出一个游园景观的好坏。通过植物的色彩、质感和造型来体现造园的目的;用不同的植物、不同的颜色创造出各种各样的图案,来体现游园的内涵。但在植物物种的选择上,不能过于追求物种的多样化而忽视物种的本土化。游园造景一般都选用自然色和半自然色,这是游人眼目更易接受和感到舒适的两种色彩。

但是由于街头小游园面积较小,园内应尽量避免使用大面积规则的灌木种植,不再出现纯观赏性的绿地,而应以种植草花为主。草花的种类繁多,更能做到种植上的一步一景;种植效果生态自然,让人容易亲近;草花多为宿根花卉,养护成本也低,是现代城市游园造景的重要元素之一。如图 2-6-17 所示。

4. 地面及公共设施设计

在游园道路设计中进行路面铺装,能起到引导游览路线、划分游园空间的作用。在这种环境下要注意游园景观与生活的紧密结合,在空间上达到一步一景,景随步移,如图 2-6-18 所示。

材料选择方面,适宜采用透水混凝土和透水砖为铺装材料,这两种铺装材料不仅透水性好,而且材料的色彩也很丰富,能够配合周边的环境展现出较好的景观效果。此外,小园路也可以采用卵石铺装,卵石铺路也能起到按摩游人脚底的作用,让人血气通畅。走在上面感到舒适,并且身在游园中,情有回归自然的感觉。如图 2-6-19、图 2-6-20 所示。

图 2-6-17　街头小游园中简易的植物配置

图 2-6-18　硬质与软质材料有机结合,营造丰富的地面景观

图 2-6-19　选用透水性较强的材料用于铺地

图 2-6-20　用松软舒适的碎石子做铺装材料

5. 水体景观设计

在现代城市街边小游园的设计中，可根据实地情况来确定是否设计水体。如规划区域周边有河道或流动水域，在设计中可考虑引水入园，增加游园的活泼性和趣味性；反之，则不考虑自设水体景观，以减少维护管理成本。近几年，在现代城市游园设计中，常采用旱溪或雨水花园的形式，代替以往的水体景观，这样既能保证游园的可游行、活泼性和趣味性，又能适合现代景观的造景元素和生态理念，如图 2-6-21 所示。

图 2-6-21　街头绿地上的旱喷

总之，常见的街头小游园在功能及设计要素体现上可以是园林花草树木，也可以是以空间为胜的舒适的休息空间、儿童嬉戏空间、适当的体育活动空间及可以开展集体活动的开敞空间等。

五、街头小游园设计实践操作

案例一：纳皮尔街开放空间景观设计

区位：澳大利亚悉尼帕丁顿

项目概况：纳皮尔街穿过一个居住区，东端毗邻一条交通要道，位于牛津街和南道林街之间。路端的人行空间扩展了格林斯路和牛津街的十字路口，并连接新南威尔士大学美术学院。美术学院已完成设施的全面装修，包括入口大厅和建筑北面的咖啡厅，这些正好面向纳皮尔街。大厅和艺术空间为纳皮尔街提升了活力。如图 2-6-22 所示。

图 2-6-22　入口大厅处景观

项目的主旨在于通过创造一个生机勃勃的公共区域，将空间转化为一个帕丁顿区域的公共客厅和活动空间——具有特殊功能的街头小绿地。其设计平面图如图 2-6-23 所示。

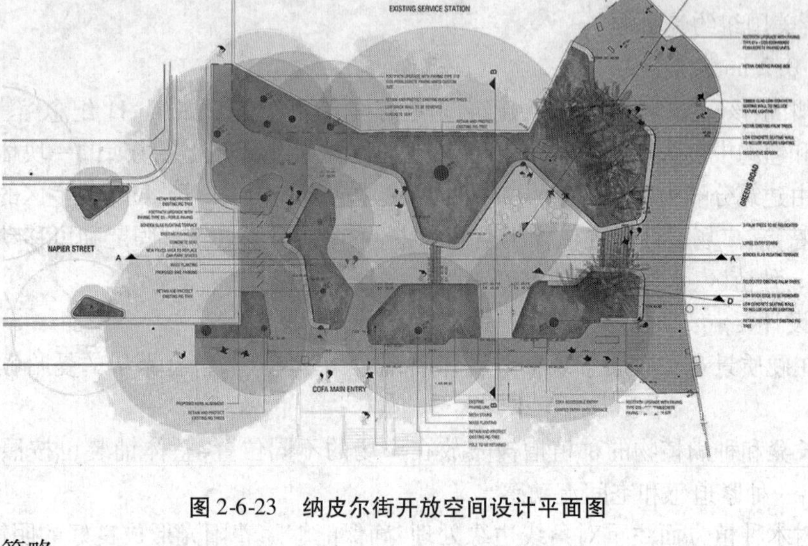

图 2-6-23　纳皮尔街开放空间设计平面图

设计策略：

设计中对现状进行了充分的利用（见图 2-6-24）。

(1)保留现有无花果树。

(2)确保人们能够聚集起来(有充分的开放空间)。

(3)探索林下种植的可能性,以完善现有的植物群落。

(4)利用现有的和规划中的植物群落,来创造一个室外咖啡厅的环境。

(5)将人行空间最大化,并将边界的环路接入牛津街和格林斯路的十字路口。

(6)探索座椅形式的可变性和多样性,创造不同的停留聚会空间。

图 2-6-24 场地现状景观设计要素的利用及空间营造

案例二:美国纽约曼哈顿比克曼街广场景观设计

区位:美国纽约曼哈顿

面积:0.2 hm^2

项目概况:该广场周边围以公共建筑,附近有许多著名景点,如 9 · 11 纪念馆、市政厅、市政厅公园和纽约中心医院。因此,该项目从地理位置上讲属于公共场所的一块休闲空间建设。项目由建筑分隔为东广场和西广场两块,其中西广场为主广场,位于住宅区的入口区。

设计特点:广场设计以提供休闲空间为主,主要在广场上安放固定和可移动的户外设施,如树木、种植区、水景,如图 2-6-25 所示。

细节设计要点:

(1)在硬质景观和软质景观细节设计中,融入了运动感,符合繁华的曼哈顿市中心的节奏。

(2)长凳和种满植物的种植槽被安放在广场的不同位置,整体铺装也按照一定的角度,创造出一种紧迫感和空间流动感。

(3)树木种植方面注重对角线边缘处理,确保能够随着阳光形成良好的阴影区,提供良好的遮阴效果,如图 2-6-26 所示。

图 2-6-25　广场即休闲空间植物设计

图 2-6-26　乔木交错种植提供良好的遮阴效果及斑驳光影效果

街头小游园设计作业练习

作业:根据所给资料,合理设计地形景观,并绘制相应图纸,包括平面图、立面图和效果图。

项目资料:设计范围位于城市中某街头绿地,0. 25 hm^2,形状自定。设计主题根据街头小绿地所处的周边环境及功能而定,要求合理运用地形及现状要素,设计出符合周边环境及要求的方案。

项目七　城市广场景观设计与实训

授课内容　城市广场景观设计理论基础与内容;城市广场景观设计实践操作;城市广场景观设计作业练习。

实训目的　了解城市广场的基本内容,掌握城市广场设计要点。

课题课时　6课时。

作业要求　灵活运用园林景观要素,合理组织环境空间,进行方案设计,并对方案进行表达与展示。

城市广场景观设计理论基础与内容

近几年来,我国社会经济和城市建设高速发展,人们生活环境日益恶化,城市里到处充斥着高楼大厦,平日里进行休闲娱乐活动的场所日趋减少。随着城市生活日益丰富多样,人们在城市中的休闲活动也日益增多,这必然引发人们对体育锻炼、休闲娱乐、社会交往场所的大量需求,现如今,我国每天都有大量的市民来到广场进行活动(见图2-7-1、图2-7-2),在种种现实的需求下,城市广场也悄无声息地出现在我国城市建设的舞台上,在城市公共空间中扮演着越来越重要的角色。

图2-7-1　市民集体跳广场舞

图2-7-2　市民表演太极扇

城市广场的景观设计不仅要在城市中为市民提供一个进行休闲娱乐和社交活动的户外活动空间,同时它还要改善广场空间的环境品质,创造出优美舒适、特色鲜明、富有城市精神的广场景观,成为一个展示城市的历史文化和艺术风格的橱窗,反映出城市的现代化建设水平,更要折射出城市的文化内涵和精神面貌。

本节就城市广场概念、功能作用、类型、设计原则及设计要素(例如植物、铺地、陈设、雕像等)等几个方面进行探讨。

一、城市广场概念及其功能作用

(一)概念

城市广场以建筑、道路、山水、地形等构园要素围合,由多种软、硬质景观构成,采用步行交通手段,具有一定的主题思想和规模的城市户外公共活动空间。城市广场以硬质铺装为主，占主导地位的是硬质铺装的地面，如果草坪、绿化远远超过硬质地面面积即称为绿地或公园。

（二）功能作用

1. 城市广场是城市形象的体现

城市广场作为城市开放空间的重要组成部分，在城市中所起的作用无疑是为市民的户外活动提供场地，成为市民集会及开展各类活动的重要场所。由于城市广场空间的公共性、开放性及在城市整体或局部中的中心性，很多人把它比喻为城市客厅，成为一个城市向外展示形象的平台，成为城市标志，如图 2-7-3、图 2-7-4 所示。

图 2-7-3　北京天安门广场

图 2-7-4　青岛五四广场

2. 城市广场是城市构图的需要

在现代的城市规划中，城市广场作为城市的节点，往往成为城市主要的构图手段。经常用它来组织城市的其他组成要素，现代城市往往不限于一个中心广场，而是具有大大小小的、各种性质的广场。这些广场往往以轴线关系的手法形成联系，与道路一起形成城市的骨骼，如图 2-7-5、图 2-7-6 所示。

图 2-7-5　南宁市南湖广场市政府广场轴线

图 2-7-6　匈牙利英雄广场

3. 城市广场是城市生活的舞台

随着现代都市的发展，生活节奏的加快，市民需要用某种方式来宣泄自己的压力，消除寂寞。城市广场就成为最好的公共活动场所，也是最好的休闲空间。当人在广场中交谈、静坐、观赏时，广场的优美环境可以使人释放心情。广场的文化设施为市民提供了文化交流的场所。

4. 城市广场是城市建筑的纽带

城市广场是建筑师寻求建筑之间相互配合的有效途径，好的广场可以使人们陶醉于建筑所围合的空间中。本质上，城市广场是一种被限定的室外空间。如图 2-7-7 所示为上海市人民广场。

图 2-7-7　上海市人民广场

二、城市广场类型

城市广场主要按照使用功能性质来分，可分为市政广场、交通广场、商业广场、宗教广场、纪念广场、休闲娱乐广场等。但这种分类是相对的，现实中每一类广场都或多或少具备其他类型广场的某些功能。

(一) 市政广场

市政广场位于城市中心位置，通常是政府、城市行政中心，用于政治、文化集会，庆典、游行、检阅、礼仪、传统民间节日活动。市政广场建设热潮除经济发展、人民精神需求提高等条件外，很大程度是由城市政府所推动的。因而很多城市的市政广场常常成为政府行政机关办公楼轴线上的组成部分，一般面积较大，在设计上追求大尺度，以此表达一种气势，体现政治的威严，具有强烈的政治意味。以硬质铺装为主，便于大量人群活动，不宜过多布置娱乐性建筑及设施。如图 2-7-8、图 2-7-9 所示。

图 2-7-8　辽宁沈阳市政府广场

图 2-7-9　西班牙马德里马约尔广场

(二)交通广场

交通广场是交通的连接枢纽,主要功能是组织和处理好广场与所衔接道路的关系,合理确定交通组织方式和广场平面布置,起交通、集散、联系、过渡及停车作用。

交通广场是城市中必不可少的设施。它的主要功能也在于实用性。在广场四周不宜布置有大量人流出入的大型道路。主要建筑物也不宜直接面临广场。应在广场周围布置绿化隔离带,保证车辆、行人顺利和安全地通行。此类广场应以交通疏导为主,避免在此处设置多功能、容纳市民活动的广场空间,同时采取平面、立体的绿化种植吸尘减噪。如图 2-7-10、图 2-7-11 所示。

图 2-7-10 济南泉城广场

图 2-7-11 巴黎四季广场

(三)商业广场

集贸和购物是城市生活的重要组成部分,由于商业活动的需要,城市中建设了大大小小的商业广场,供居民购物、进行集市贸易活动使用。随着城市的发展和繁荣,商业区广场的作用越来越显得重要。人们在长时间购物后,往往希望能在喧嚣的闹市中找到一处相对宁静的休息场所。因此,商业广场这一公共开敞空间要具备广场和绿地的双重特征。在商业中心区以室内外结合的方式把室内商场和露天、半露天市场结合在一起。商业广场大多采用步行街的布置方式,使商业活动区集中。广场中宜布置各种城市小品和娱乐设施。如图 2-7-12、图 2-7-13 所示。

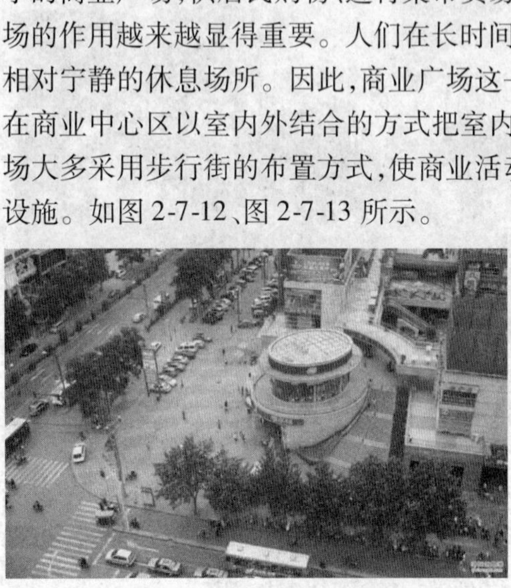

图 2-7-12 洛阳新都汇广场

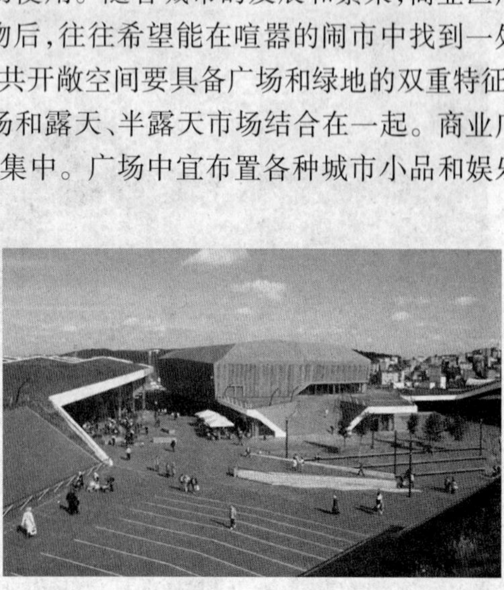

图 2-7-13 伊斯坦布尔 Meydan 购物广场

(四)宗教广场

宗教对所有民族来说,崇拜的形式、载体与对象充满着深深的道德庄严。无论基督教、伊斯兰教还是佛教，它们超越世俗，不可避免地被认为对人类行为的取向具有深远涵义。因此，宗教广场一般布置在宗教建筑前，举行宗教庆典、集会、游行及休息，设计上应以满足宗教活动为主，表现宗教文化氛围和宗教建筑美，通常有明显的轴线关系，景物也是对称布置，广场上设有供宗教礼仪、祭祀、布道用的平台、台阶或敞廊。有时与商业广场结合在一起，如图 2-7-14、图 2-7-15 所示。

图 2-7-14　洛阳白马寺正门广场

图 2-7-15　梵蒂冈圣彼得广场

(五)纪念广场

纪念广场是以缅怀纪念人物或事件为主要目的的广场。广场中心或侧面以纪念雕塑、纪念碑、纪念物或纪念性建筑作为标志物，主体标志物位于构图中心，其布局及形式应满足气氛及象征的要求。广场宁静的环境气氛能突出严肃的纪念主题和深刻的文化内涵，增加纪念效果，如图 2-7-16、图 2-7-17 所示。

图 2-7-16　辽沈战役纪念广场

图 2-7-17　华盛顿二战广场

(六)休闲娱乐广场

休闲娱乐广场是供人们休息、娱乐、交流、演出及举行各种娱乐活动的广场。广场通常选择人口较密集的地方，便于市民使用。广场中宜布置台阶、坐凳等供人们休息，设置花坛、雕塑、喷泉、水池及城市小品供人们观赏，如图 2-7-18、图 2-7-19 所示。

三、城市广场设计原则

(一)生态性原则

现代城市广场景观设计应该以城市生态环境可持续发展为出发点。在设计中要遵循

图 2-7-18　山东烟台青龙山文化广场

图 2-7-19　丹麦海滨附近的圆顶体育广场

生态规律，充分引入自然，再现自然，适应当地的生态条件，尊重当地原有的地形、地貌、水体和生态群落，尽量采用和保留原有的动植物与微生物，引入植物要与当地特定的生态条件和景观环境相适应。各广场的设计也不能公式化，不同的地理环境和气候特征要有不同的设计，加强生态系统的稳定性和自身维护能力，如图 2-7-20 所示。

图 2-7-20　斯德哥尔摩 Sjövikstorget 广场

（二）整体性原则

城市广场作为开放空间，在城市中不是孤立存在的，它应该和城市的其他空间形成完整的体系来共同达到城市的空间目标和生态环境目标。

城市广场景观设计应该根据周围环境特征、城市现状和总体规划的要求，明确广场的主要功能，在此基础上，铺以次要功能，主次分明。确定其主要性质和规模，统一规划、统一布局，考虑广场环境的历史文化内涵、时空连续性、整体与局部、周边环境的协调和变化有致的问题，使多个城市广场相互配合，共同形成城市开放空间体系。

（三）特色性原则

城市广场景观设计首先应突出人文特性和历史特性。通过特定的使用功能、场地条件、人文主题以及景观艺术处理塑造广场的鲜明特色。同时，继承城市当地本身的历史文脉，适应地方风情、民俗文化，突出地方建筑艺术特色，增强广场的凝聚力和城市旅游吸引力。其次，还应突出其地方自然特色，即适应当地的地形地貌和气温气候等。城市广场应强化地理特征，尽量采用富有地方特色的建筑艺术手法和建筑材料，体现地方园林特色，以适应当地气候条件。如图2-7-21、图2-7-22所示。

图2-7-21　万科售楼部门前棕榈广场

图2-7-22　哈尔滨冰雕广场

(四)多样性原则

不同类型的广场都有一定的主导功能,但是现代城市广场的功能却向综合性和多样性衍生,满足不同类型的人群不同方面的行为、心理需要,具有艺术性、娱乐性、休闲性和纪念性,兼收并蓄,给人们提供了能满足不同需要的多样化的空间环境。

城市广场景观设计要具有城市文化、社会生活等方面的多重内容。因此,要求现代城市广场景观设计在空间上要具有多活动、多景观、多功能、多信息、大容量的作用,以此来满足市民追求娱乐性、交往性、参与性、宽松性、文化性、多样性的生活方式。

(五)舒适性原则

要尽可能把城市广场这个开放空间设计得舒适,这是城市广场使用率增高的重要条件。温度、阳光、水和风都会影响空间的舒适程度。设计广场时,应该根据它的地理位置、主题要求、使用功能,来赋予广场合适的规模。宜大则大,宜小则小,不能贪大求全。在北京或者上海建造一个规模很小的广场是不科学、不切实际的。但是,在一个小县城建一个天安门广场大小规模的广场则是一种铺张浪费。例如:上海市大拇指广场(见图2-7-23)虽然不是很大,但是它比较符合市民的需要,舒适程度较高,所以聚集的人数远远超过上海世纪广场的聚集人数。

图2-7-23　上海市大拇指广场

四、城市广场设计要素

（一）地形

城市广场的地形变化具有很重要的视觉功能及心理影响。对于绝大多数广场活动者来说，富有地形变化的广场比那些完全平坦的广场更具有吸引力。从心理学角度来讲，城市景观中的高度相当于权力，而深度则意味着私密。所以，具有地形变化的广场，也就是上升式广场或下沉式广场为人们这两种情绪提供了对应的场所，如图 2-7-24、图 2-7-25 所示。

图 2-7-24　北京西单上升式广场

图 2-7-25　北京西单下沉式广场

（二）水景

城市广场作为公共空间最集中的场所环境，其水景的设计越来越重视人性化的研究，强调从人的需求、情感和知觉方面及人与人之间相互关系出发，组织景观环境各种要素，创造亲切、舒适的环境场所。

城市广场的水景设计，表达形式是多样的。可以是静水，也可以是流水；可以是水池，也可以是喷泉、瀑布。静水能够倒映周围的环境。自然的景象瞬息万变，光、影、风、雨、树木、天空无不隐藏着多变的神情，而这些自然元素在水中的倒影可以使活动者体验到自然的丰富与无限。

在许多城市广场景观设计中，都采用跌落水体以创造活跃、喧闹的气氛，并自然引导人们亲近水体。可以将自然景观的特征用象征性手法结合到广场的设计中。例如在法国里昂的沃土广场（见图 2-7-26）的设计中，喷泉的形式发挥到极致，整个广场成为一个喷泉的广场、水中的广场。由此可见，利用水的流动性所营造的动态空间大大地刺激了人们之间及其与环境之间的相互作用。

（三）植被

在城市广场景观设计中，植被对于广场生态的作用是非常重要的。丰富的城市广场植被不仅能够创造广场的新景观，而且可以在夏季降低广场温度，为活动者提供遮阴纳凉的场所，同时又可以净化空气，降低城市噪声。因此，绿化作为软质景观引入城市广场，对以硬质材料为主的广场无疑是一缕自然的清风。

在城市广场植被设计中，因其生态环境较复杂，必须按照局部生境条件的差异进行植被景观设计。利用植被的柔和姿态组合出植被群落景观，以满足人们的生理和心理需求。

图 2-7-26　法国里昂的沃土广场

同时,生产与观赏相结合,能够提高植被景观的综合实用功能。城市广场的植被景观设计要遵循绘画艺术和造园艺术的基本原则。

当广场界面视觉效果不佳时,广场边缘的植被可以屏蔽掉这些令人不快的因素,而又能在一定程度上保证视线的穿透,使人不至于产生过分封闭的感觉。而与硬质地面铺装相比,人们普遍表现出对草坪的喜爱,因为草坪能让活动者以一种更随意的方式或坐或躺,而且拥有比较开阔的视野,如图 2-7-27、图 2-7-28 所示。

图 2-7-27　边缘植被将广场与外界区分开

图 2-7-28　波士顿的莱文森广场植被

(四)铺装

铺装有助于城市广场限定空间、标识空间、增强识别性,而且还可以给人以尺度感。铺地材料的肌理感可影响人行速度。细的铺地纹理可用以强调原有地形的品质和形状,增强尺度感,成为上部结构的衬托。基地纹理可以为人们提示外部空间的尺度设计,场地纹理变化可暗示表面活动方式,划分人、车、休息、游戏等功能,对广场特征气氛和尺度产生影响,它还可以刺激人的视觉和触觉。地面铺装的肌理还能弱化或强化空间效果。肌理越细腻,广场空间就越显得宏大,反之亦然。从某种程度来说,铺装具有与城市雕塑相同的功能,从而可以表现文化与历史,如图 2-7-29 所示。

我国许多城市的地面铺装文化表现往往是采用地面雕塑的形式,因此是只供观赏、不允许践踏的,从而完全等同于立体雕塑的塑造。如在洛阳青年宫广场(见图 2-7-30)的地面铺装中,可以看到青龙、白虎、朱雀及玄武这神话中的四方神灵分别守护着广场四个入

图 2-7-29　大连星海广场上无数的脚印

口。现在，我国为适应全民健身运动的背景，许多城市广场专门设置了卵石铺地来作为“按摩径”（见图 2-7-31），从而大大增加了广场的使用率。

图 2-7-30　洛阳青年宫广场地面雕塑铺装

图 2-7-31　卵石铺地

（五）雕塑

在城市广场景观设计中，雕塑和作为城市生活与文化的主要物质承载的城市广场的结合，就是展现城市风貌与文化的重要场所，是城市人为景观中不可替代的重要组成部分。城市广场中的许多优秀雕塑成为了城市的象征。雕塑同样可以通过形体、色彩、质感、韵律、节奏、光影等诸方面，来丰富城市广场环境，使其充满活力。在中国城市广场中表现中国传统文化内涵的雕塑也比比皆是。例如，苏州工业园区金鸡湖畔的“圆融”雕塑（见图 2-7-32）。一个不锈钢铸成的大圆被湖风吹出动感，中间一个方孔依然四平八稳。远看近看正看侧看，灵动的圆周线条变幻着各种图形，或曲线如游丝动感十足，或螺旋而上势向苍穹。造型富有现代的抽象意味，既寓意现代人追求现代文明的美学理想，又体现了中华民族传统文化的精华，古代中庸的处世之道就为：把握圆融进退自如，表现了现代文明与传统文化的“圆融”。

（六）灯光

灯光是城市广场景观夜晚的“标识”。城市广场的轮廓、主要景观、功能分区在夜晚都要靠灯光来表现。夜间的城市广场景观设计则是根据不同的设计特点，利用灯光创造完美的广场环境，增加广场空间的艺术表现力。灯的装饰效用可以通过灯具自身造型、质

图 2-7-32　金鸡湖畔的“圆融”雕塑

感及灯具的排列组合对广场空间起着点缀的作用。一方面,要利用环境本身,同时又要不惜人工的方法来借景造景,如图 2-7-33、图 2-7-34 所示。

图 2-7-33　大连奥林匹克广场夜景

图 2-7-34　湖州爱山广场夜景

城市广场景观设计实践操作

案例:洛阳某三角地块城市广场景观设计

城市广场景观设计要经历以下几个阶段:准备阶段、初步方案阶段、初步设计阶段、技术设计阶段和详细施工图阶段。

1. 准备阶段

该项目位于洛阳新区某城市干道交叉口(见图 2-7-35、图 2-7-36),为三角地块,地形平坦,四周规划为住宅用地。由于位于新开发区域,目前的人流不是很多,绿化覆盖率很低,环境极其不好,投资方希望能在此有限的城市公共地块里营建出一个能满足多功能需求的场地,为日后在此生活的市民提供活动、休闲、娱乐的场所。

2. 初步方案阶段

该项目在初步方案阶段先理清城市干道、周围规划建筑与广场关系,初步确定该城市广场的 3 个主要出入口,再对用地进行功能分区,划分出广场出入口及停车区、管理区、健身区、文化区、休憩区、儿童嬉戏区、观景区及中心景观区等几个功能区域,如图 2-7-37 所示。

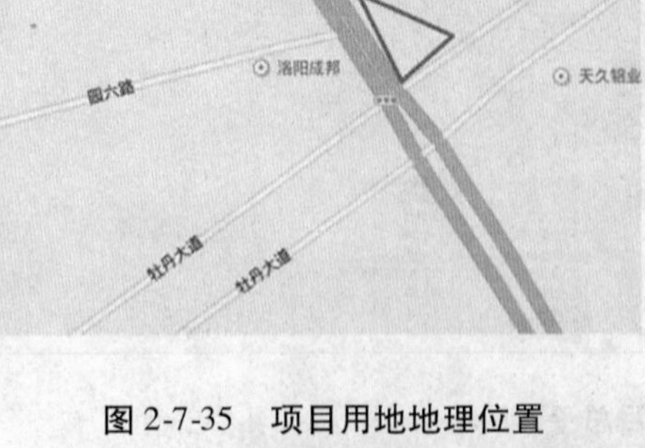

图 2-7-35　项目用地地理位置

图 2-7-36　项目用地现状

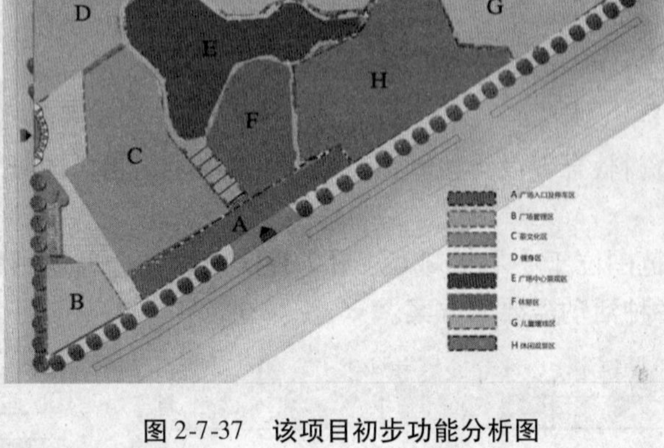

图 2-7-37　该项目初步功能分析图

3. 初步设计阶段

该项目在初步设计阶段，依托初步方案阶段划分的功能分区，进一步设计，将广场景观结构及道路进一步明确，如图 2-7-38、图 2-7-39 所示。

图 2-7-38　该项目道路分析图

图 2-7-39　该项目景观结构分析图

4. 技术设计阶段

技术设计阶段这一步是使设计具体化、现实化。这一阶段要把整个广场和各个局部的具体做法确定下来。这就涉及确切尺寸、用料、装修，还有道路、排水、资金预算等具体问题。如图 2-7-40 所示。

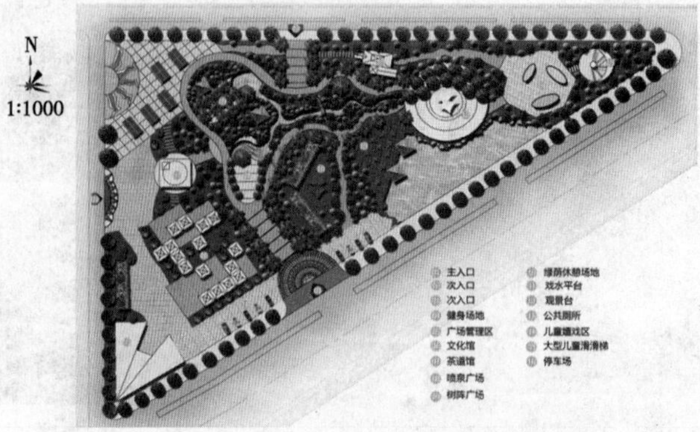

图 2-7-40　该项目总平面图

5. 详细施工图阶段

我们把设计意图、做法、尺寸及设计结果最终做成详细施工图。图纸要清晰、周全、表达准确。详细施工图是施工的依据，是设计和施工之间的桥梁。

城市广场景观设计作业练习

作业：根据所给资料，合理设计该城市广场景观，并绘制相应图纸，包括平面图、立面图和效果图。

项目资料：设计范围位于中心区域（见图 2-7-41），要求合理运用各种造园要素设计出能满足周边市民各种活动需要的方案。

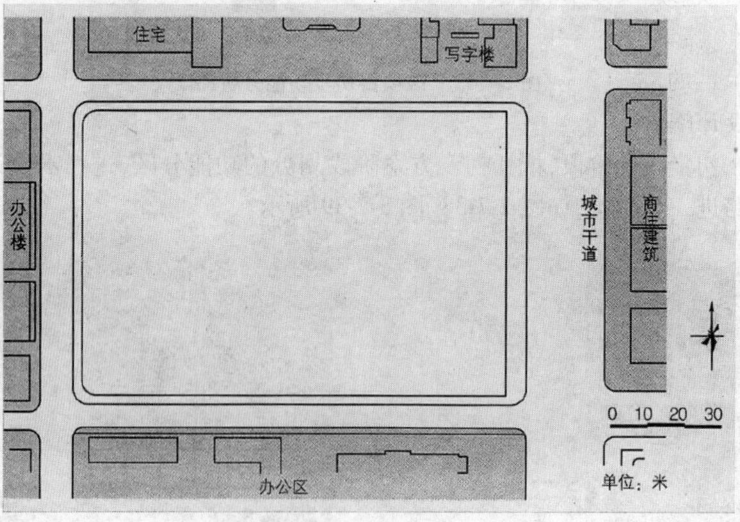

图 2-7-41　设计范围

项目八　城市滨水风光带景观设计与实训

授课内容　城市滨水风光带景观设计理论基础与内容;城市滨水风光带景观设计实践操作;城市滨水风光带景观设计作业练习。

实训目的　了解城市滨水风光带的概念及功能,掌握其设计原则和设计要素。

课题课时　6课时。

作业要求　灵活运用园林景观要素,合理组织环境空间,进行方案设计,并对方案进行表达与展示。

城市滨水风光带景观设计理论基础与内容

水是我们赖以生存的命脉,也是文化、经济繁荣的根本,我国城市的选址、布局多与水息息相关,"人类滨水而居,城市临水而建"。因此,从城市的构成来看,水域景观是城市不可多得的资源和风景,是构成城市公共开放空间的重要部分。

城市滨水区域为城市生活中的人们提供清新空气,也是城市开发中的重要资源。在提高城市环境质量、丰富城市景观和促进城市社会经济发展等方面具有极为重要的价值。围绕着城市滨水区域建造的城市滨水风光带凭借其优越的地理位置、开放性、亲水性的特征,满足了人们返璞归真的心理需求,在城市空间中扮演着越来越重要的角色,已成为城市休闲娱乐、交流集会、健身运动的重要场所,正受到越来越多人的关注,其景观规划设计也日益受到人们的重视。

本节就城市滨水风光带景观的概念、功能作用、类型、特征及设计要素等方面进行探讨。

一、城市滨水风光带景观的概念及其功能作用

(一)城市滨水风光带景观的概念

城市滨水风光带景观是临近城市江、河、湖、海等水域而建,并与其相互作用而产生的具有一定生态价值、景观价值与城市功能价值的带状区域,专为居民提供观赏、休闲、游憩、文化交流的公共绿地景观,如图2-8-1所示。

(二)城市滨水风光带景观的功能和作用

城市滨水风光带景观设计能有效提升一个城市的整体感知性,它在提高城市环境质量、丰富城市景观和促进城市社会经济发展等方面发挥着极为重要的作用。

1. 科教功能

城市滨水区域有典型的湿地生态系统、丰富的动植物群落、珍贵的濒危物种等,为教育和科学研究提供了原始材料,在科普教育和科学研究中具有十分重要的作用。因此,在城市滨水风光带景观设计中一定要融入适当的科教功能,展示这些资源。如图2-8-2所示。

图 2-8-1　洛阳洛浦公园滨水风光带景观

图 2-8-2　城市滨水风光带展示区

2. 生态功能

城市滨水风光带沿河丰富的湿地生境为生物多样性提供了一个生态走廊,丰富的生物多样性反过来又可以提高生态系统的自我调控能力,增强生态系统的稳定性。城市滨水风光带景观的建设,为创造多样的滨水景观空间,营造丰富的湿地生境,满足不同生物对环境的要求,创造了有利条件,如图 2-8-3、图 2-8-4 所示。

图 2-8-3　花桥吴淞江湿地公园鸟瞰图

图 2-8-4　花桥吴淞江湿地公园一角

3. 防洪功能

城市水系是一个巨大的蓄水库,可以在河流涨水时期储存过量的降水,而且能均匀地把径流放出,削减洪水对下游的危害。城市滨水风光带景观设计就要考虑防洪功能,利用一定的景观处理手段控制水土流失,调配水资源使用,协调城市岸线和土地的使用,做好洪水的截留与防护工作,如图 2-8-5 所示。

4. 经济功能

城市滨水风光带景观带的建设,既可完善城市功能的合理布局,又能聚集人气,提升城市品位,促进当地生态旅游和地区经济社会的发展。城市滨水风光带的生态系统或者自然风光为市民提供观赏旅游和休闲娱乐的场所,如图 2-8-6 所示。

图 2-8-5　防洪护坡

图 2-8-6　苏州金鸡湖李公堤旁商业区

二、城市滨水风光带景观的主要类型

由于城市滨水风光带介于人类活动频繁地带与自然地带的交会处,所以我们可以依照人类活动对城市滨水风光带的影响程度,将城市滨水风光带景观分为两种类型:自然景观型与人工景观型。

(一)自然景观型的城市滨水风光带

人们在处理城市滨水区域景观时,主要是根据实际,对滨水地带进行一系列改造活动,这些改造活动都是以保持或仿效自然面貌为目的,这种形式可称为自然景观型的城市滨水风光带。

依据人类活动对自然景观的影响程度,可将自然景观型的城市滨水风光带景观分为两类:维持自然原貌型与重塑自然风貌型。

1. 维持自然原貌型

维持自然原貌型的城市大都具有丰富的景观资源,尤其是水资源、森林资源等。这样的城市可以充分利用自然景观来开发旅游经济,例如世界著名的旅游国家瑞士、挪威等,如图 2-8-7、图 2-8-8 所示。

图 2-8-7 瑞士自然水岸线局部

图 2-8-8 挪威美丽的湖泊

2. 重塑自然风貌型

重塑自然风貌型指在人类活动频繁地区，通过研究自然景观的结构构成，模拟自然生态系统，改善或创造滨水风光带景观的自然形式，它是一种通过人工来模仿自然的表现形式。这种方式比较多地应用于城市人口密度较小的滨水地带，如图 2-8-9 所示。

图 2-8-9 重塑自然风貌型滨水风光带景观

（二）人工景观型的城市滨水风光带景观

自然景观型的城市滨水区域景观的建设方式由于需要占用的土地面积较大，因而不一定适用于所有地方。因此，人们开始节约土地面积，塑造人工景观，以解决人们日益增长的精神文明需求与有限的公共环境资源之间的矛盾。这些人工改造城市滨水区域景观的建设就成为人工景观型的城市滨水风光带景观。

通过对城市滨水区域景观改造的不同目的，可将人工景观型的城市滨水风光带景观分为三类：带状公园型、亲水步行街型与功能使用型。

1. 带状公园型

带状公园型是将城市滨水风光带景观与城市公园结合起来而进行建设的景观建设方式。这种类型的滨水风光带景观建设方式在我国的城市设计中占有主要的地位。这种带状公园形式能缓解市民对活动空间及亲水性的需求。例如，上海黄浦江两岸的外滩群，如图 2-8-10 所示。

2. 亲水步行街型

亲水步行街的城市滨水风光带景观与带状公园型有某些相似点：它们都是沿水体呈带状分布，为人们提供与自然接近的空间平台。根据人们的心理需要，可依据不同的水位要求设置多层亲水空间，使人们从高到低、由远及近地亲近水体，享受水带来的愉悦感觉。不同之处在于：由于规模较小，亲水步行街型的城市滨水景观没有城市集散广场的功能。如图 2-8-11、图 2-8-12 所示。

图 2-8-10　上海外滩

图 2-8-11　苏州金鸡湖

图 2-8-12　沿河步行街

3. 功能使用型

功能使用型的城市滨水风光带景观是指以满足城市使用功能,如以航运码头、蓄水泄洪等为主而进行的城市滨水区域建设。这类滨水风光带景观不同于传统意义上的景观建设,它不以造景为目的,但由于功能要求,这样的城市滨水风光带景观也有它的独特之美。例如,法国巴黎塞纳河(见图 2-8-13)两岸的景观建设就是主要为游船停靠与城市防洪服务的。

图 2-8-13　法国巴黎塞纳河

一个城市滨水风光带景观往往是以一种类型为主,并综合了其他类型的建设方式,各种类型的建设相互结合形成了城市滨水风光带景观的多样性。

三、城市滨水风光带景观的构成

城市滨水风光带是陆地与水体的交接处，既是陆地的边缘，又是水体的边缘，是特殊的城市公共开敞空间，所以城市滨水风光带景观的构成主要按照其所处空间位置的不同，将其分为水域景观、陆域景观、过渡域景观和人文景观四类。

（一）水域景观

水域是城市滨水风光带景观空间最基本、最重要的界面之一，水域景观主要包括随着时间、空间而变化的水体景观，以及水体中的建（构）筑物、动植物等，如图 2-8-14 所示。

图 2-8-14　杭州三潭印月

（二）陆域景观

陆域是城市空间与水域的过渡界面，是承载人们活动的主要场所，该处受城市影响较大，对整个城市和滨水风光带的影响也较大。陆域景观主要包括地形地貌、道路广场、人工建（构）筑物、景观小品、植被绿化等。如图 2-8-15、图 2-8-16 所示。

图 2-8-15　三亚亚龙湾海域

图 2-8-16　厦门海湾公园

陆域景观的规划设计与一般远离水域地区的景观规划设计有所不同，应着重考虑该区域与水体的互动。

（三）过渡域景观

过渡域景观是指岸边水位变动范围内形成的景观，例如滨水湿地、护岸、伸向水面的亲水平台、防洪堤等。随着水位的变化，该区域也呈现出不同的景观效果。该区域景观的安全性、生态性与亲水性都是十分重要的。过渡域景观主要可以分为硬质景观与软质景观两类，各类防洪堤、亲水平台等多为硬质景观，湿地、植物护岸等多为软质景观。如

图 2-8-17 所示为上海后滩公园。

图 2-8-17　上海后滩公园亲水木平台

如何兼顾安全性、生态性与亲水性，并且能够营造出优美的景观，是过渡域景观设计的重点。

（四）人文景观

人文景观主要包括历史文化景观与休闲活动景观两类。当前，城市滨水风光带的开发建设越来越注重挖掘和继承历史文化，形成富有“城市记忆”的景观。例如，杭州清河坊（见图 2-8-18）、扬州古运河风光带（见图 2-8-19）。

图 2-8-18　杭州清河坊

图 2-8-19　扬州古运河风光带

四、城市滨水风光带景观的设计原则及其影响因素

（一）城市滨水风光带景观设计原则

城市滨水风光带景观规划设计涉及城市生态系统平衡、人们生产生活安全、城市历史文化继承等各方面。在规划设计时，应从城市滨水风光带景观与城市的关系出发，考虑滨水风光带与其他功能区域之间的联系，运用生态手段进行规划设计，在保证城市安全的基础上，提供亲水空间与亲水设施，满足人们的亲水天性，延续城市历史与文化，推动滨水风光带区域的公共化，维护社会公共利益。

1. 自然性原则

我们要尊重自然，尽量保持山水的原貌，维护自然山水的格局，保护多样化的乡土环境。将滨水区的历史、文化作为遗产加以保护，形成与滨水区一体的线性文化遗产廊道，并将这一廊道作为展现城市历史脉络、教育后人的最佳场所。

2. 整体性原则

城市滨水风光带是城市公共空间的有机组成部分，在进行规划设计时，设计师应进行总体功能定位与开发，加强滨水区与城市的衔接和过渡，从大局入手，以整个城市结构、城市空间形态为背景，从城市的角度出发，使之成为城市空间结构的完善和延伸，形成完整的滨水城市形态。

3. 亲水性原则

亲水是人类的本性。能够合理利用水资源，营造出生态优美的水景观，满足人们的亲水性、恢复人们和水体的和谐关系是滨水风光带景观规划能否成功的关键。

4. 可持续性原则

在进行滨水风光带的开发时，人们垂钓、游船、游泳等亲水休闲活动都可能对水生态系统造成一定的影响，开发与保护之间存在一定的矛盾。我们应在这个矛盾中寻求一个平衡点，坚持生态保护优先、适度开发的原则。

5. 安全性原则

水并不是一直都是顺从而柔和的，当其发威时破坏力巨大。确保城市居民的生命和财产安全不受水灾危害，能够应对突发的洪水、海啸、暴雨、干旱等情况，是城市滨水区首先应该满足的，在此基础上再进行景观规划设计。另外，安全性的另一个方面是利用滨水景观与设施，确保游人进行亲水、观景等活动时自身的安全性。

（二）影响城市滨水风光带景观设计的因素

影响城市滨水风光带景观的因素非常多，并且彼此之间有着千丝万缕的联系。城市滨水风光带景观建设在表现城市特色、保护城市安全、构建城市交通体系、传承城市历史、美化城市景观等多方面扮演着十分重要的角色。这些具体要求又反作用于城市滨水风光带景观，成为影响城市滨水风光带景观的主要因素。

1. 城市总体规划的影响

城市总体规划能够为城市制定特定的功能布局和用地性质。从根本上把握城市空间环境的总体特征，避免产生城市形象的无序化和城市环境的非人性化现象。

2. 城市防洪工程的影响

城市防洪工程作为城市基础设施的一个重要组成部分，与城市居民的生活息息相关，它为人们提供生产和生活所必需的最基本的安全保障。在城市滨水风光带景观建设系统中，城市防洪工程建设地位十分重要。

3. 城市文脉的影响

我国拥有着上下五千年的悠久历史文化，城市的文化随着人类文明一起成长。古代城市的发展起源于滨水区域。在现代城市建设中，各个城市都积极探索本身的历史价值，将历史文明融入建设过程，以城市滨水风光带景观建设作为塑造城市特色的重要手段。城市滨水风光带景观已经作为描绘历史之笔、诉说历史之窗，在城市的发展与文化的传承中占据了不可替代的地位。

五、城市滨水风光带景观的设计要素

(一)水体与护岸

1. 水体

水体的设计首先以清洁的水质、丰沛的水量为前提。利用生态化净化水体的方式是保持良好水质的最佳办法。其常见的方式有两种:水生植物处理技术和人工湿地处理技术。

水位控制对于城市防洪、通航、水上活动和滨水景观也至关重要。通过蓄、排不同的手段让河水保持适当的水位升降幅度。城市中经常建设水闸调节水位,修坝以蓄水,规划可以明确水位控制的要求并提出水位控制的方法和措施。杭州西湖就是以钱塘江引水来调节控制水位的,如图 2-8-20 所示。

图 2-8-20　杭州西湖

2. 护岸

对于护岸设计,既要追求竖向上丰富的高差变化,又要有平面线形的顺畅自然,还要兼顾细部材料的合理运用,硬质与软质处理相结合,入水草坡与台阶相搭配,这样才能营造出给人亲近感的空间,从而吸引人们接近水、热爱水。如图 2-8-21 ~ 图 2-8-24 所示。

图 2-8-21　自然缓坡型堤岸断面示意

图 2-8-22　块石加固型堤岸断面示意

图 2-8-23　缓坡式亲水堤岸断面示意

图 2-8-24　台阶式亲水堤岸断面示意

(二)植物

植物种植应尽量遵循当地水滨自然植物群落的结构。适当种植水生植物，能提高水体自净能力，改善河岸的自然状态，为水中、水边生物提供生息的环境。只有乔、灌、花、草相结合，乡土树种与引进树种、速生树种与长寿树种、常绿树种和落叶树种相结合，才能使得一年四季都可以欣赏到其美丽的姿态。

城市滨水风光带应尽可能地扩大沿河绿化用地，甚至是垂直绿化，减少不良的、过多的硬质景观的暴露，形成连续性绿化带，以良好的绿色空间，优化的环境景观质量，体现现代化城市的新形象，如图 2-8-25、图 2-8-26 所示。

图 2-8-25　自然驳岸植物配置

图 2-8-26　规则驳岸植物配置

(三)道路

滨水地区的道路交通组织较为复杂，能否保证滨水地区人流、车流的通畅是一个重要问题。为简化交通，应采用过境交通与滨水地区的内部交通分开布置的方法。同时，滨水区作为吸引大量人流的地带，其停车场的位置、规模的控制也至关重要。

滨水步行空间的景观特色处理。沿水系各功能分区拥有的滨水散步道配合各区的设计主题应当采用相应的处理手法与风格。例如日本广岛猿猴川的樱花长廊，如图 2-8-27 所示。

(四)建筑

滨水建筑的群体空间因水体的介入而呈现自然与人工交融的优美空间形态，适应人对自然的亲和需求及建筑群体与自然环境的和谐。滨水建筑布局要保证城市公众主要观景点(如广场、水滨、步行道等)和景点(标志性建筑、山峰、水中岛屿等)之间的视线不被

图 2-8-27　日本广岛猿猴川的樱花长廊

遮挡，保护和优化滨水城市天际轮廓线特征，注重城市肌理的延续，保持城市文脉的继承，最终达到建筑环境和自然环境的有机统一，如图 2-8-28、图 2-8-29 所示。

图 2-8-28　滨水建筑小品

图 2-8-29　滨水建筑

（五）滨水设施

城市滨水空间由许多设施共同构成，主要有服务设施、围护设施、景观设施等。在设置这些设施的过程中，要充分兼顾到其自身的使用功能、美化功能和其对行为、空间的阻隔、引导和划分作用，如图 2-8-30、图 2-8-31 所示。

图 2-8-30　滨水栈道

图 2-8-31　滨水护栏

城市滨水开放空间中最重要也是最常见的设施是围护设施（如栏杆）。根据水流和水深的情况,在需要的地方应当设置防护性的护栏。然而,围护设施的形式直接影响到人们的亲水程度。厚重封闭的栏板易将人与水完全隔开;而通透的栏杆使人对于水面具有畅通的视觉走廊,也使空间有了面向水域方向的流动与渗透。

城市滨水风光带景观设计实践操作

案例:成都活水公园景观设计

成都活水公园建成于1998年,是目前世界上第一座以水为主题的城市生态环境公园,坐落于成都市的护城河——府南河畔,占地24 000多m^2,它由中、美、韩三国环境艺术家共同设计,活水公园的创意者,美国"水的保护者(Keepers of The Waters)"组织的创始人贝西·达蒙(Betsy Damon)女士,同其他设计者一起,吸取中国传统美学思想,取鱼水难分的象征意义,将鱼形剖面图融入公园的总体造型,全长525 m,宽75 m,喻示人类、水与自然的依存关系。

活水公园呈鱼形,紧依府河。它展示了一个水的净化过程:从旁边的府河抽水上来,通过沉淀,流经种着芦苇、菖蒲的水塘,再流过鱼塘,水就由污浊变得清澈,如图2-8-32所示。

图2-8-32 成都活水公园

公园起始的鱼嘴部分,用石材砌筑台阶式浅滩,栽种大量天竺葵、桢楠、黑壳楠、桫椤、连香、含笑等植物,乔木、灌木、草本植物等的配置,参照峨眉山自然植物群落。两架川西水车,将府河水泵入全园最高处的鱼眼蓄水池。此处利用地形建造覆土建筑,建成环保展览及教育中心,并设有净水工艺厌氧处理池。临河仿照旧有木构民居而建3层通透式茶楼(见图2-8-33),以供游人品茶休憩。

河水继续流入水流雕塑群代表的"肺区",这里利用气旋,使水流如山涧溪流般回旋跳跃,生动地体现"活水"曝气的意义,如图2-8-34所示。

鱼鳞状的人造湿地系统,是一组水生植物塘净化工艺设计,错落有致地种植了芦苇、菖蒲、凤眼莲、水烛、浮萍等水生植物,对吸收、过滤或降解水中的污染物,各有功能上的侧重。蜿蜒的塘边小道,塘中木板桥,营造出九寨沟黄龙风景区的意境,如图2-8-35所示。

经过湿地植物初步净化的河水,接着流向由多个鱼塘和一段竹林小溪组成的"鱼腹",在那里通过鱼类的取食(浮游动植物),沙子和砾石的过滤(鱼类的排泄物),最后流

图 2-8-33　成都活水公园茶室

图 2-8-34　成都活水公园水流雕塑群

图 2-8-35　成都活水公园人造湿地系统

向公园末端的鱼尾区。至此,原来被上游污染源和城市生活污水污染的河水,经过多种净化过程,重新流入府河,如图 2-8-36 所示。

图 2-8-36　成都活水公园净化系统

城市滨水风光带景观设计作业练习

作业：根据所给资料，合理设计该城市滨水风光带局部景观，并绘制相应图纸，包括平面图、立面图和效果图。

项目资料：设计范围位于北方城市沿河中心区域（见图 2-8-37），要求合理运用各种造园要素设计出能满足周边市民各种活动需要的方案。

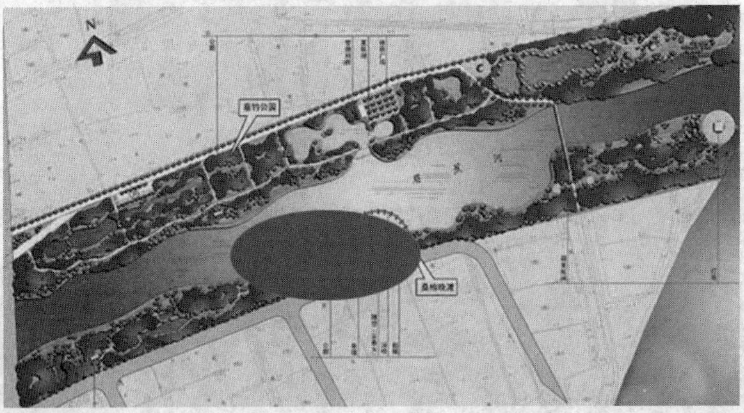

图 2-8-37　设计范围

第三章　综合设计与实训

授课内容　以别墅案例分析为主,讲述项目设计过程中所需要的过程。多种项目类型赏析。

实训目的　了解项目设计过程,学会分析和完善方案并表达设计思维。

课题课时　12课时。

作业要求　灵活运用园林景观要素,合理组织环境空间,进行方案设计,并对方案进行表达与展示。

设计程序与方法

一、设计程序

景观设计任务书—研究与分析—方案设计—扩初设计—施工图设计。

(一)景观设计任务书

(1)项目的概况及设计范围(红线)。

(2)项目的周边环境(附周边环境图片)。

(3)项目的园林设计要求:总体要求、结合项目的整体规划、建筑特点和策划要求来确定项目的园林定位(园林的风格)、工程造价、委托方愿望等。

(二)研究与分析

根据规划图纸或地形图,对基地进行调查、拍照,收集与基地有关的资料。

(三)方案设计

方案设计阶段可分为方案构思、方案选择与确定和方案完成。方案设计中必须包括:整体的设计说明,总体彩色平面图,组团内景观的示意彩色照片表达设计,主要景点的透视效果图,小区主、次入口透视效果图及设计说明,道路、景观小品等所用材料名称,整个小区园林景观工程造价估算,地下车库、人防出入口的顶盖方案说明,植物配置设计图及植物配置说明。

(四)扩初设计

在方案通过后需要做扩初设计,包括景观组团彩色总平面效果图和鸟瞰效果图;硬质景观的装饰设计图;景观小品及室外家具布置图;各景观建筑等的局部大样图(含平、立、剖面图,要标明尺寸和周边的位置关系);灯具配置图、水景配置图、绿化配置图、总体的竖向设计、主要景点细部整个环境的夜景鸟瞰图。

(五)施工图设计

正式施工图必须包括:景观工程放线图(尺寸标注);户外标高、排水点的位置;硬质园景布置(包括所有小品、户外各种家具的位置);地面铺装设计及结构做法和大样图;各景观建筑、小品等工程内容的平、立、剖面及施工大样设计图、结构设计图;各景观建筑、小品等工程内容的装饰设计大样图；各景观建筑、小品等工程内容的细部做法大样图；各种户外家具的型号选择及施工大样图；各种室外灯具的型号选择及施工大样图；所有装饰材料统计详表；植物布置图（含植物技术指标）、植物放线图、种植说明；施工图设计说明、图纸目录。

二、表现方法

主要是手绘和电脑制图。在方案设计和扩初设计可以手绘加电脑完成，在施工图阶段必须用电脑来完成，如图3-0-1 ~ 图3-0-4 所示。

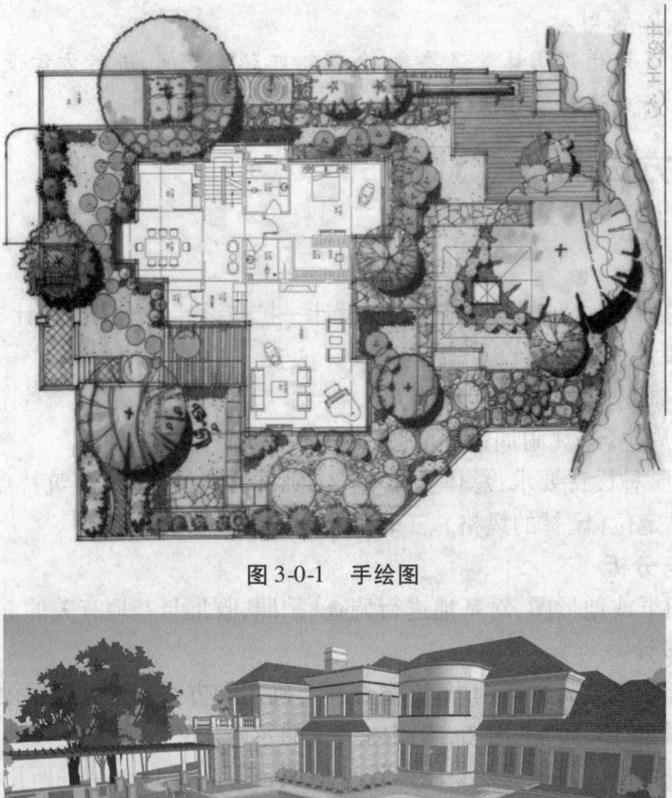

图3-0-1　手绘图

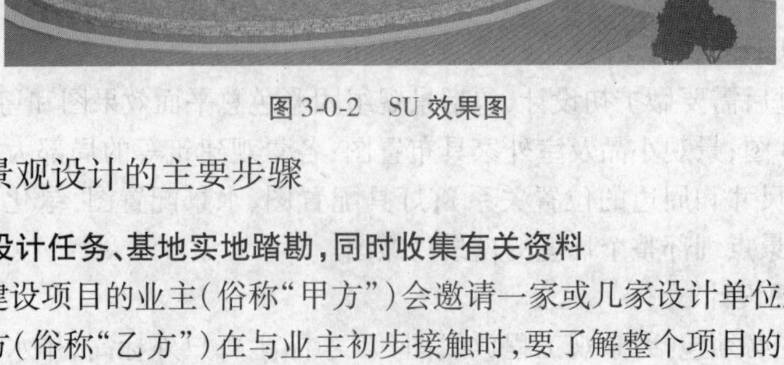

图3-0-2　SU效果图

三、园林景观设计的主要步骤

（一）接受设计任务、基地实地踏勘，同时收集有关资料

作为一个建设项目的业主（俗称"甲方"）会邀请一家或几家设计单位进行方案设计。

作为设计方（俗称"乙方"）在与业主初步接触时，要了解整个项目的概况，包括建设规模、投资规模、可持续发展等方面，特别要了解业主对这个项目的总体框架方向和基本实施内容。总体框架方向确定了这个项目是一个什么性质的绿地，基本实施内容确定了

图 3-0-3　3D 模型图

图 3-0-4　PS 效果图

绿地的服务对象。这两点把握住了,规划总原则就可以正确制定了。

另外,业主会选派熟悉基地情况的人员,陪同总体规划师至基地现场踏勘,收集规划设计前必须掌握的原始资料。

这些资料包括:①所处地区的气候条件(气温、光照、季风风向)、水文、地质、土壤(酸碱性、地下水位);②周围环境,主要道路、车流、人流方向;③基地内环境,湖泊、河流、水渠分布状况,各处地形标高、走向等。

总体规划师结合业主提供的基地现状图(又称"红线图"),对基地进行总体了解,对较大的影响因素做到心中有底,今后作总体构思时,针对不利因素加以克服和避让;有利因素充分地合理利用。此外,还要在总体和一些特殊的基地地块内进行摄影,将实地现状的情况带回去,以便加深对基地的感性认识。

（二）初步的总体构思（雏形）及修改

基地现场收集资料后，就必须立即进行整理、归纳，以防遗忘那些较细小的却有较大影响因素的环节。在着手进行总体规划构思之前，必须认真阅读业主提供的“设计任务书”（或“设计招标书”）。在设计任务书中详细列出了业主对建设项目的各方面要求：总体定位性质、内容、投资规模，经济技术指标控制及设计周期等。在这里，还要提醒刚入门的设计人员一句话：要特别重视对设计任务书的阅读和理解，一遍不够，多看几遍，充分理解，“吃透”设计任务书最基本的“精髓”。在进行总体规划构思时，要将业主提出的项目总体定位作一个构想，并与抽象的文化内涵及深层的警世寓意相结合，同时必须考虑将设计任务书中的规划内容融合到有形的规划构图中去。构思草图只是一个初步的规划轮廓，接下去要将草图结合收集到的原始资料进行补充、修改。逐步明确总图中的入口、广场、道路、湖面、绿地、建筑小品、管理用房等各元素的具体位置。经过这次修改，会使整个规划在功能上趋于合理，在构图形式上符合园林景观设计的基本原则：美观、舒适（视觉上）。

（三）方案的第二次修改及文本的制作包装

经过了初次修改后的规划构思，还不是一个完全成熟的方案。设计人员此时应该虚心好学、集思广益，多渠道、多层次、多次数地听取各方面的建议。不但要向老设计师们请教方案的修改意见，而且还要虚心向中青年设计师们讨教，往往多请教讨教别人的设计经验，并与之交流、沟通，更能提高整个方案的新意与活力。整个方案全都定下来后，图文的包装必不可少。现在，它正越来越受到业主与设计单位的重视。最后，将规划方案的说明、投资框（估）算、水电设计的一些主要节点，汇编成文字部分；将规划平面图、功能分区图、绿化种植图、小品设计图、全景透视图、局部景点透视图汇编成图纸部分。文字部分与图纸部分相结合，就形成一套完整的规划方案文本。

（四）业主的信息反馈

业主拿到方案文本后，一般会在较短时间内给予一个答复。答复中会提出一些调整意见，包括修改、添删项目内容，投资规模的增减，用地范围的变动等。针对这些反馈信息，设计人员要在短时间内对方案进行调整、修改和补充。对于业主的信息反馈，设计人员如能认真听取反馈意见，积极主动地完成调整方案，则会赢得业主的信赖，对今后的设计工作能产生积极的推动作用；相反，设计人员如马马虎虎、敷衍了事，或拖拖拉拉，不按规定日期提交调整方案，则会失去业主的信任，甚至失去这个项目的设计任务。一般调整方案的工作量没有前面的工作量大，大致需要一张调整后的规划总图和一些必要的方案调整说明、框（估）算调整说明等，但它的作用却很重要，以后的方案评审会，以及施工图设计等，都是以调整方案为基础进行的。

（五）方案设计评审会

由有关部门组织的专家评审组，集中一天或几天时间，进行一个专家评审（论证）会。出席会议的人员，除各方面专家外，还有建设方领导，市、区有关部门的领导，以及项目设计负责人和主要设计人员。作为设计方，项目负责人一定要结合项目的总体设计情况，在有限的一段时间内，将项目概况、总体设计定位、设计原则、设计内容、技术经济指标、总投资估算等诸多方面内容，向领导和专家们作一个全方位汇报。汇报人必须清楚，自己心里了解的项目情况，专家们不一定都了解，因而，在某些环节上，要尽量介绍得透彻一点、直观化一点，并且一定要具有针对性。在方案评审会上，宜先将设计指导思想和设计原则阐述清楚，然后介绍设计布局和内容。设计内容的介绍，必须紧密结合先前阐述的设计原则，将设计指导思想及原则作为设计布局和内容的理论基础，而后者又是前者的具象化体现。两者应相辅相成，缺一不可。切不可造成设计原则和设计内容南辕北辙。方案评审会结束后几天，设计方会收到打印成文的专家组评审意见。设计负责人必须认真阅读，对每条意见，都应该有一个明确答复，对于特别有意义的专家意见，要积极听取，立即落实到方案修改稿中。

（六）施工图技术交底

业主拿到施工设计图纸后，会联系监理方、施工方对施工图进行看图和读图。由业主牵头，组织设计方、监理方、施工方进行施工图设计交底会。在交底会上，业主、监理、施工各方提出看图后所发现的各专业方面的问题，各专业设计人员将对口进行答疑，一般情况下，业主方的问题多涉及总体上的协调、衔接；监理方、施工方的问题常提及设计节点、大样的具体实施。双方侧重点不同。由于上述三方是有备而来，并且有些问题往往是施工中的关键节点。因而设计方在交底会前要充分准备，会上要尽量结合设计图纸当场答复，现场不能回答的，回去考虑后尽快作出答复。

四、案例分析

以别墅景观设计进行案例分析，目的不是让大家跟着做出一模一样的方案，而是要学会如何从拿到甲方底图及现状条件图后整体方案创造的设计过程与方法，有了清晰的设计思路，分别从以下总结的方案要注意的 14 个设计要点中去分析和设计方案：设计理念、功能分区、交通流线、视线观赏角度、整体布局形式和风格、整体开闭空间感受、植物设计、铺装设计、构筑物设计、空间形式、项目认知、尺度、色彩、竖向。通过案例演示讲解后，学生能独立完成另外一个别墅方案设计作品。

（一）甲方提供的资料

甲方提供的原始地形图如图 3-0-5 所示，对现状图的分析如图 3-0-6 所示。

（二）作业要求

（1）设计一个别墅庭院景观，草图第三稿或者第四稿及上色。（没有交作业的同学最少有三稿：手绘线稿和色彩稿、一草、二草，完整稿。）

（2）对每个主要功能空间及主要景点给出意向图片。

（3）给作品写上设计说明。（设计说明中要求有别墅设计四大过程内容。）

（三）作业点评标尺

（1）使用者的行为与感受（包括视线）。

（2）统一与变化（风格、元素）。

（3）主次分明（功能空间、植物、铺装、构筑物小品、形式）。

（4）功能、交通布局合理（功能依据使用者的需求、场地大小、环境而定）。

（5）考虑环境因素（现状环境、周围环境、建筑环境（风格、主入口、室内功能））。

（6）细节经得起推敲（植物、铺装、构筑物小品、形式、尺度比例）。

（7）上色（目的）：营造氛围，体现设计意图；区分（不同元素、同类元素）；视觉审美需

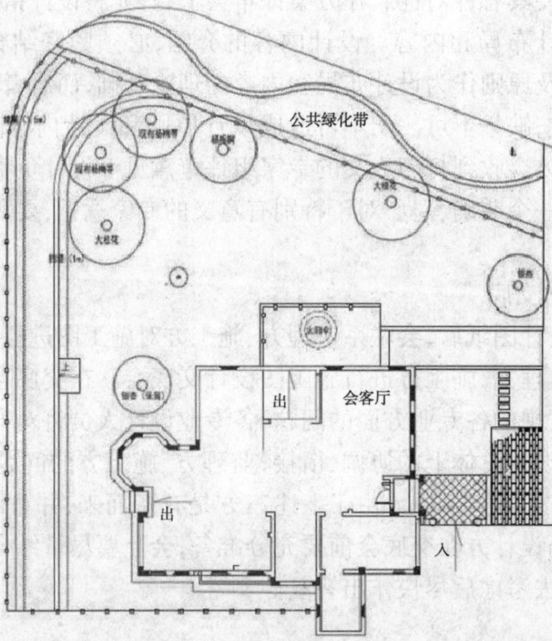

图 3-0-5　原始地形图

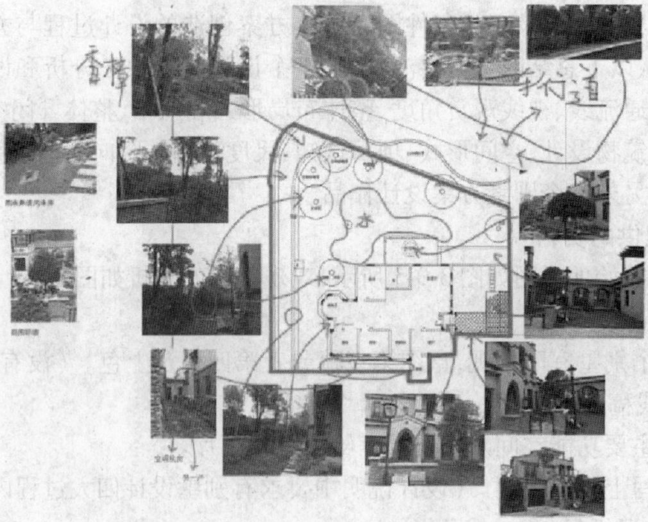

图 3-0-6　现状图分析

要（上色后更有生机）。

上色原则：统一中求变化，先统一再变化，变化不能破坏统一性（有统一的色彩基调，色相不宜过多，相同色彩的元素尽量统一，冷暖有对比，深浅有变化）；风格明确，主次分明；上色均匀、过渡自然。

（四）设计方案及点评

方案一（见图 3-0-7 ~ 图 3-0-13）

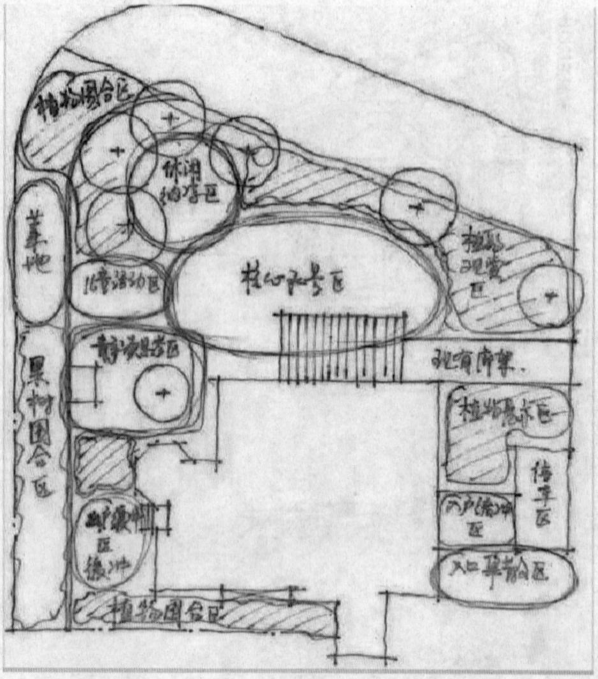

图 3-0-7　一草

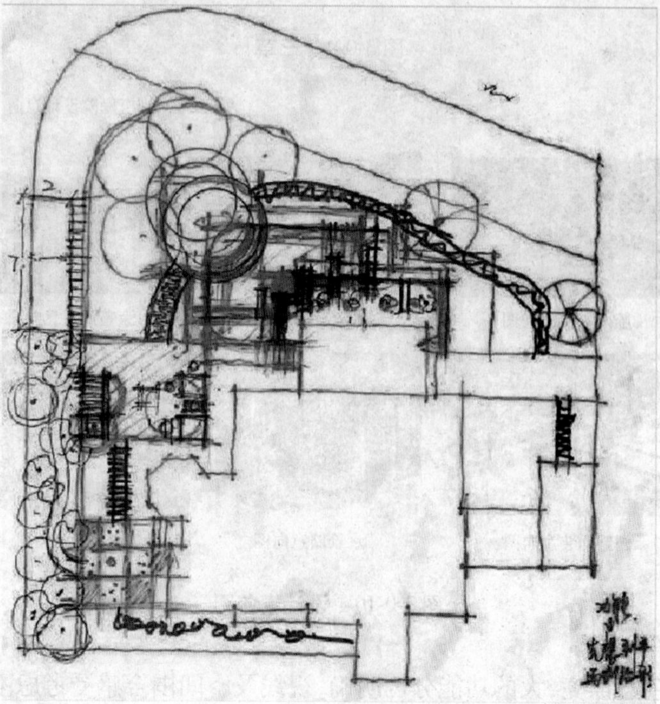

图 3-0-8　二草

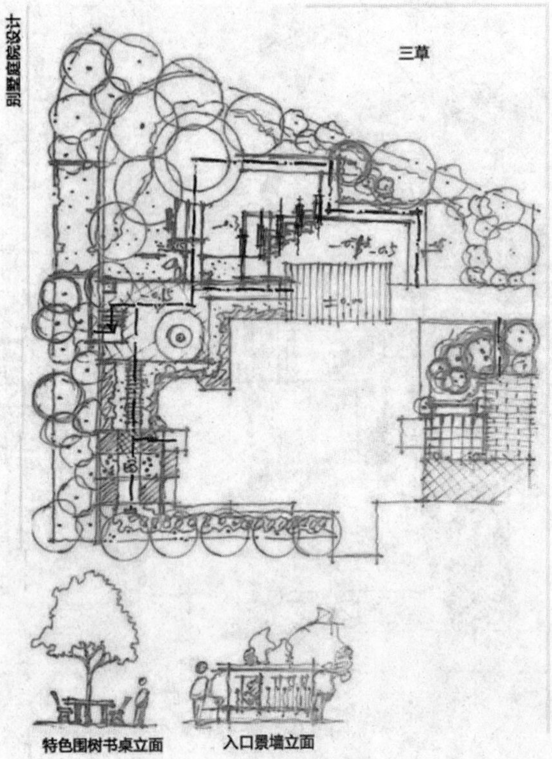

图 3-0-9　三草

图 3-0-10　设计意向图

方案一点评：

优点：整体色彩漂亮，大的功能分区明确，视线及空间围合感受考虑不错，竖向层次丰富。

不足：从第一草图可以看出，该方案是根据现状条件来划分的各功能空间，但注意空间划分不要过碎，如入口形象区就包括交通与展示功能，在以后的功能分区时要注意。

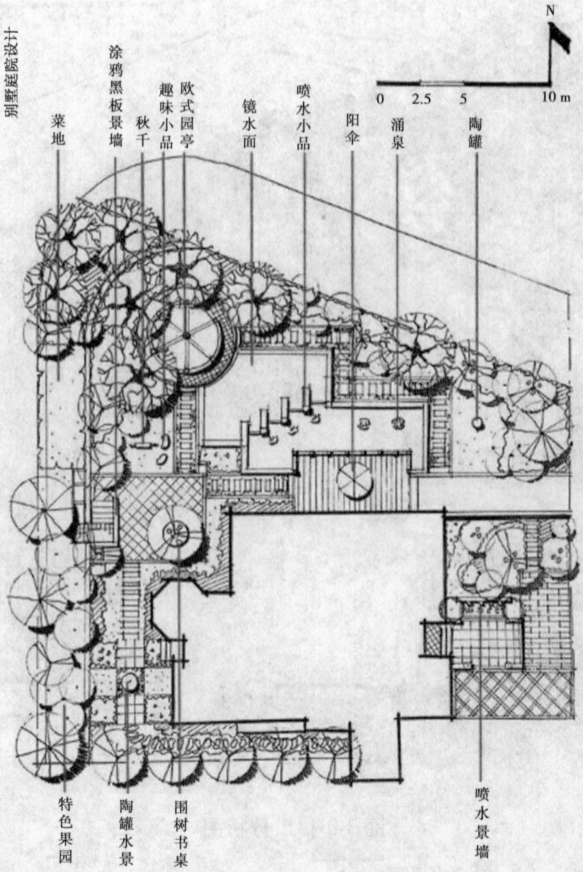

图 3-0-11 方案图

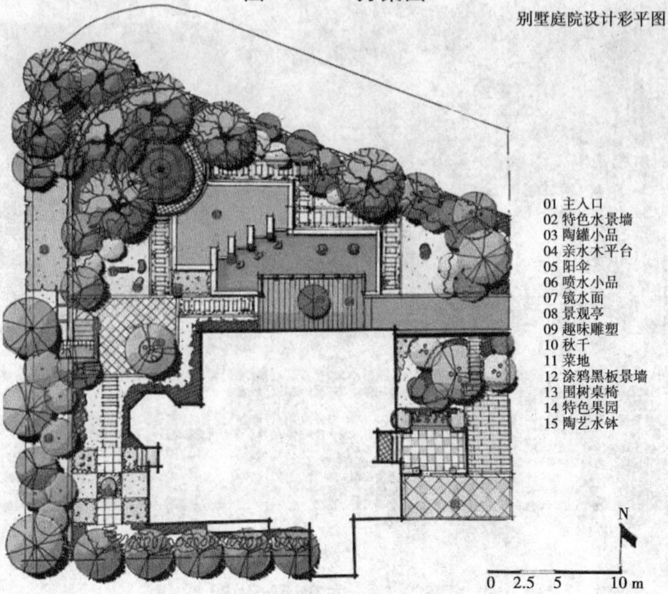

图 3-0-12 彩平图

图 3-0-13　分析图

方案二(见图 3-0-14 ~ 图 3-0-17)

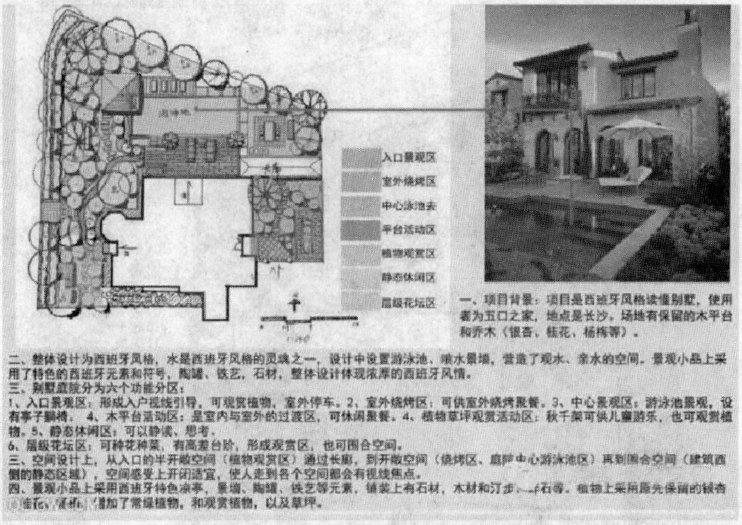

图 3-0-14　方案设计说明

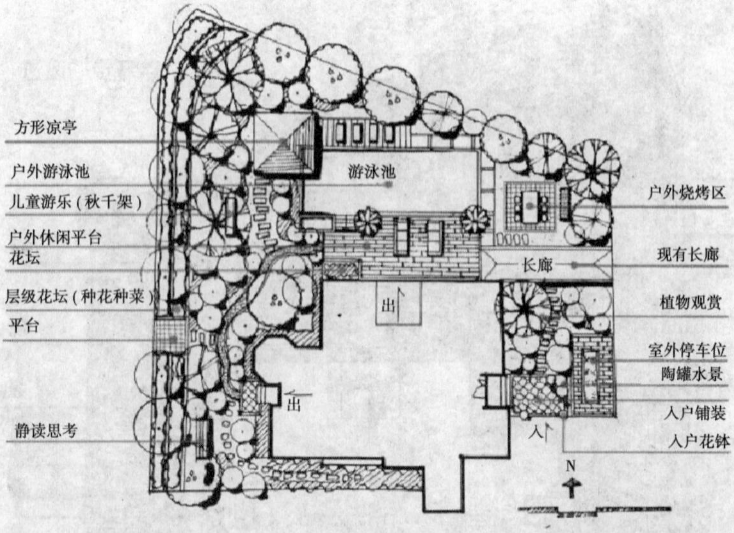

图 3-0-15　方案图

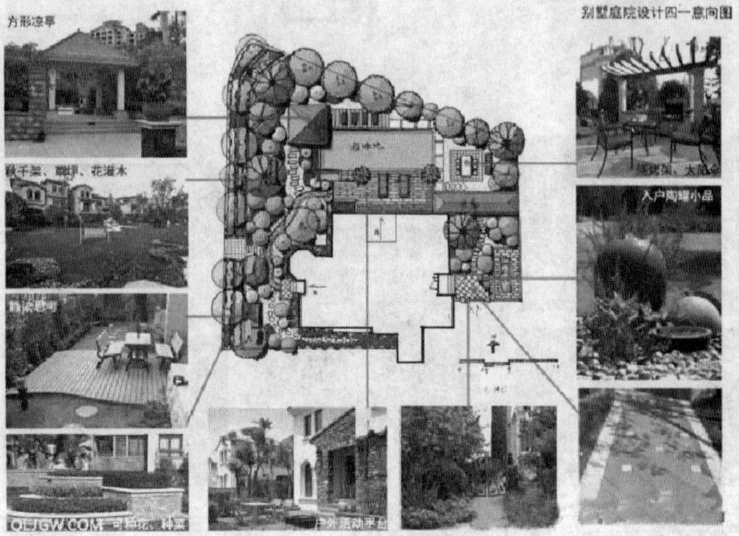

图 3-0-16　意向图

方案二点评：

优点：方案在原基础的修改上好很多了，方案从形式上、主次上、空间感受上都不错，还有电脑上色比马克笔上色要干净，方案表达目的明确，主次清晰。

不足：铺装色彩与构筑物没有区分，铺装不要加阴影。整体稍有些花哨，色相过多。色彩还需加强。

方案三(见图 3-0-18、图 3-0-19)

方案三点评：

优点：方案相对上一版来说有一个很大的进步，不错，首先整体色彩上干净、明快、漂

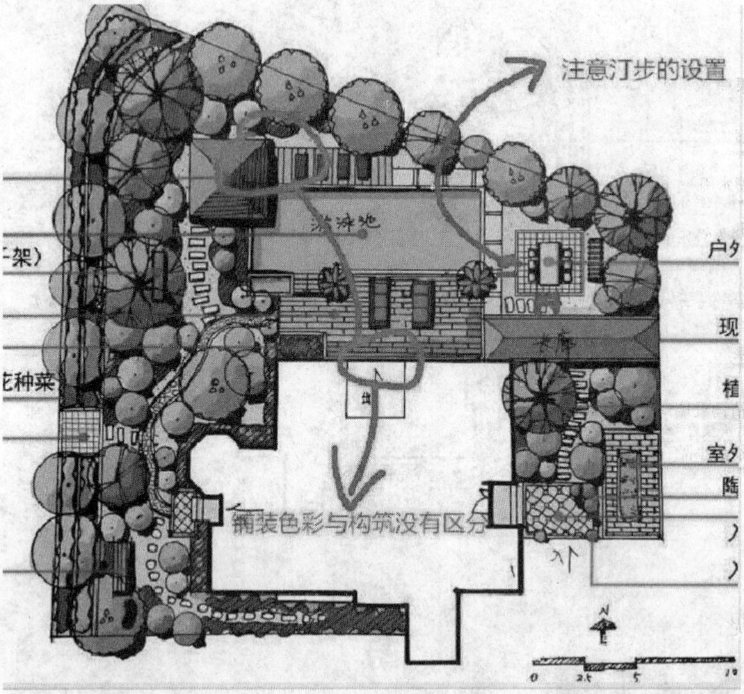

图 3-0-17　修改说明

图 3-0-18　方案意向

亮、主次分明；各空间的主次及形式和大小更加明确，考虑到了不同的空间感受，同时考虑了不同的视线观赏角度，竖向层次丰富，植物都有围合空间来做，层次、大小都可以。

不足：从意向图片中可以看出，景观廊架过大，达不到意向图片中的效果，空间面积过小。如果有时间可以画个立面或者小透视看看空间尺度关系，或者在 SU 推敲也可以；细节上还有待加强，如西侧景墙的整体设计与变化。

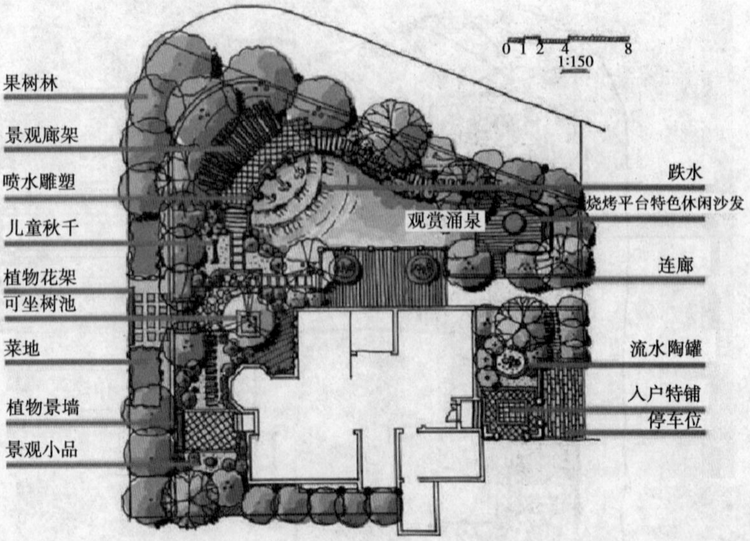

图 3-0-19　彩平图

方案四(见图 3-0-20 ~ 图 3-0-24)

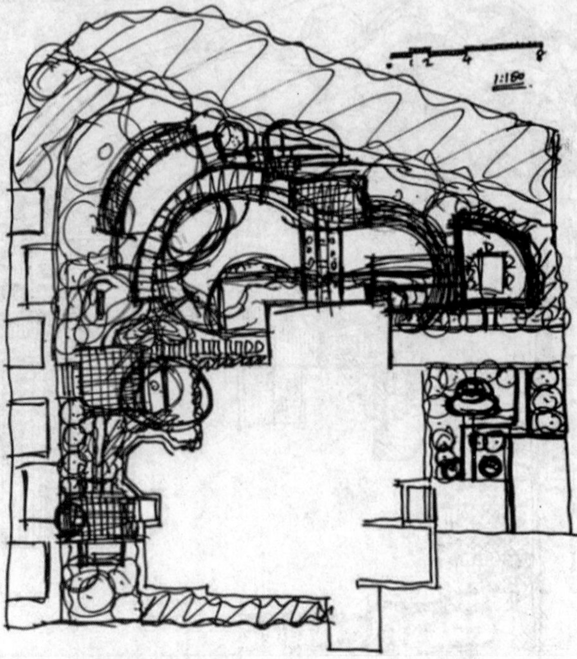

图 3-0-20　方案一草

方案四点评:

优点:方案完整,各功能空间完善,动静空间划分很好,主次分明,道路流线清晰,线稿表达识别度高。

不足:方案中水景过散、过碎,形成不了主次。同时注意水景与围墙边界的关系。

铺装墨线表达过黑,没有与植物地被区分开。

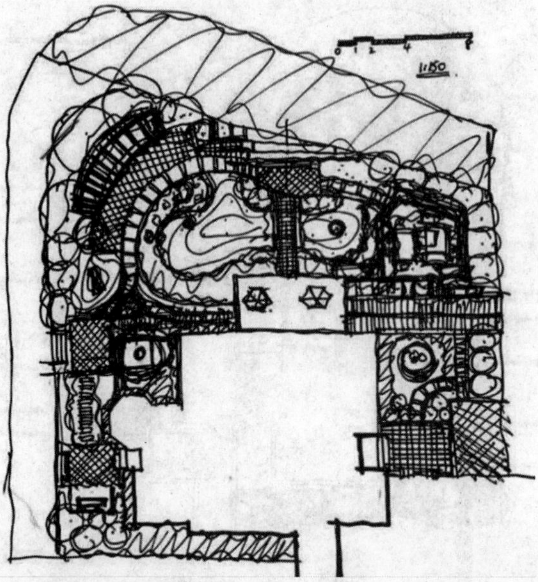

图 3-0-21　方案二草

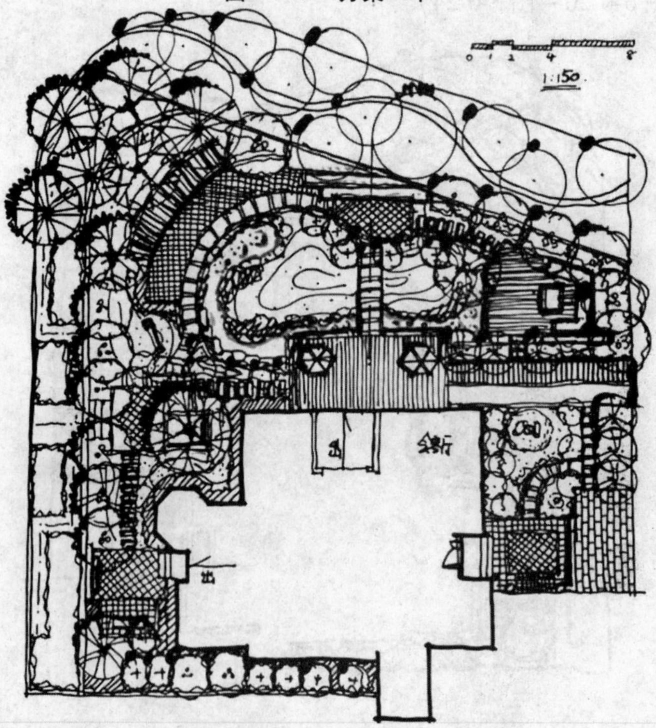

图 3-0-22　方案三草

方案五(见图 3-0-25、图 3-0-26)

设计说明:设计风格沿用西班牙风格。整体的形式与建筑的形式结合,以规整的方圆为形式元素。设计中在入口处设计具有西班牙风格的花钵、石景。在花架区域配以西班牙风格的沙发等形成林荫聚会空间。核心景观区主要有景观亭、小壁泉和小涌泉且配以

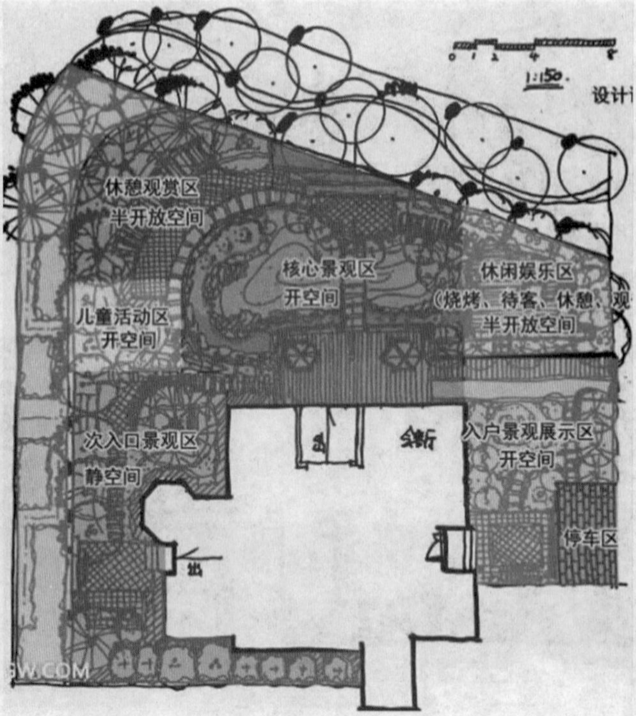

图 3-0-23　功能分区

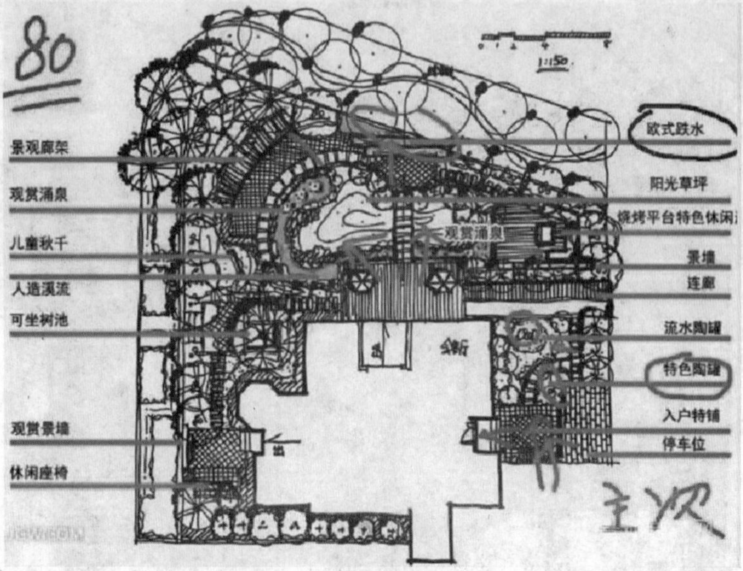

图 3-0-24　方案点评

西班牙式的花钵、水钵。静思阅读区主要设计秋千和开敞的草坪空间，供儿童、老人休闲活动。西侧入口建一个欧式小喷泉。

方案五点评：

优点：整体功能完善，整体性较好，景点主次空间明确。

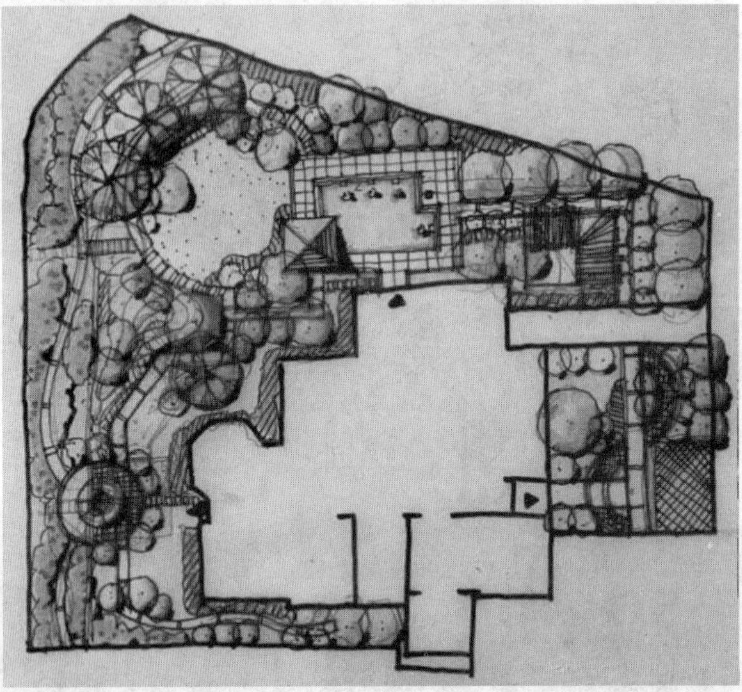

图 3-0-25　方案图

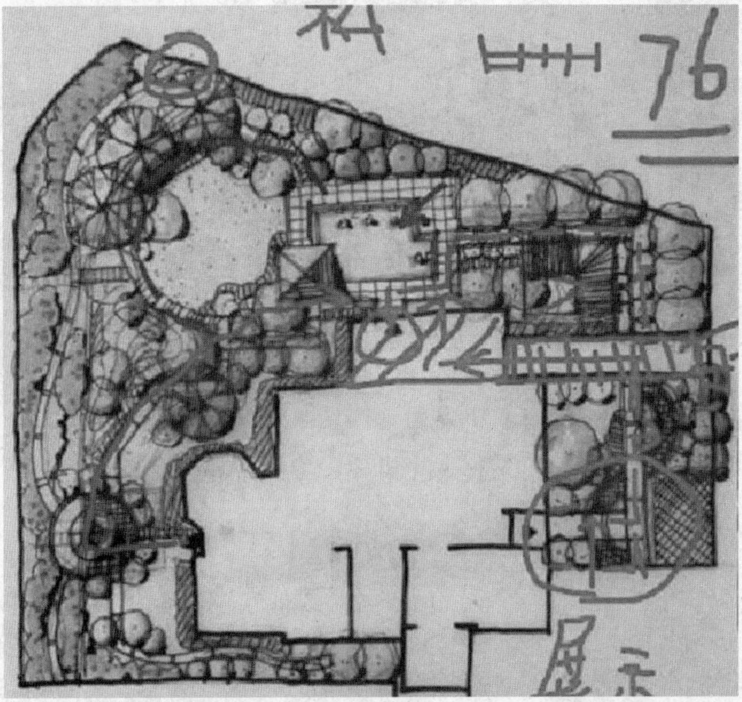

图 3-0-26　方案点评

不足:入口形象区景点过弱,局部交通道路不清晰。整体色彩偏蓝,表达上要注意主次。

方案六(见图 3-0-27、图 3-0-28)

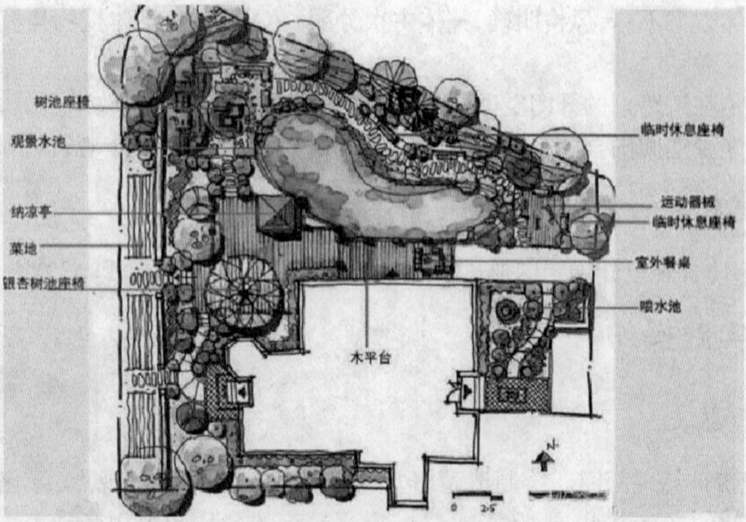

图 3-0-27　方案图

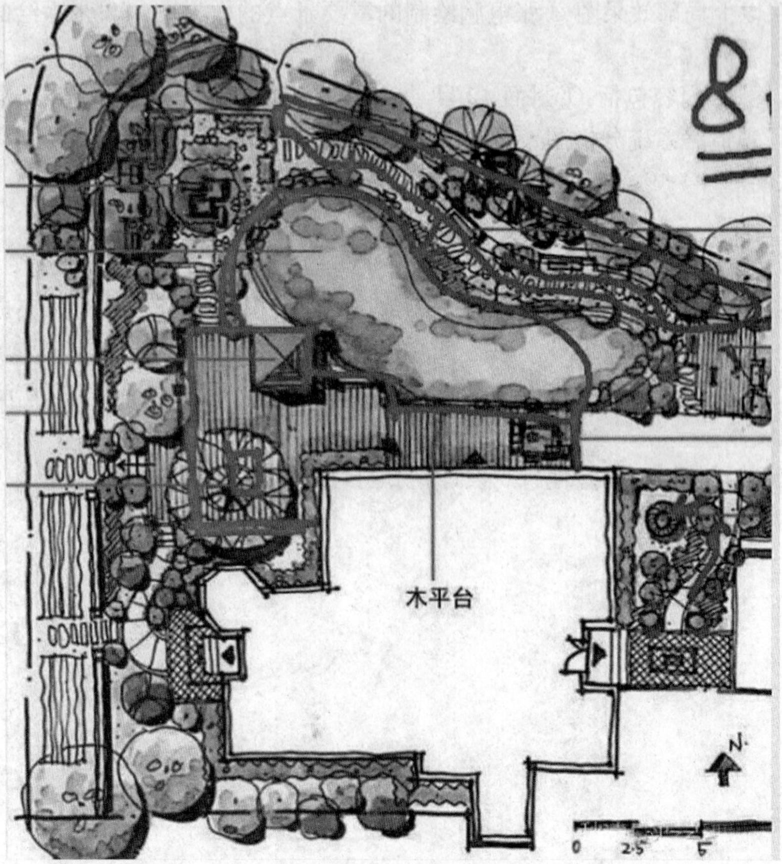

图 3-0-28　方案点评

方案六点评：

优点：整体方案不错，风格明确，整体主次分明，色彩漂亮，整体植物搭配不错，层次、大小明确。

不足：人走在道路上的开闭空间感受稍弱，也就是看与被看的效果不好，从两侧看一眼就能看透，缺少空间围合感受，主要体现在木质平台与对岸的汀步观赏区域。

五、经典案例

某小区环境景观设计展示图册（附录）

综合设计实践操作

一、图纸要求

（1）景观设计总平面图。绘制清楚，包括住宅、公建、道路、景观点、绿化总平面布置形式，并附必要的文字说明，包括主要区域、主要景点的名称和植物名录表。图纸表现形式为 CAD 方案图和 PS 彩色平面图。

（2）5 张以上局部效果图，3 张电脑绘制的重要景点的效果图和 2 张手绘的重要景点的效果图。

（3）A3 图册，内容包括：①封面；②目录；③设计说明；④总平面图（PS 彩平）；⑤功能分区图；⑥景观道路系统分析图；⑦重要景区局部透视图；⑧局部平面图及说明（附局部效果图或意向图片）；⑨意向图片和参考图片等。

二、设计范围

案例一：某别墅景观设计，场地自拟，环境自定，面积不小于 500 m^2。完成一套方案汇报文本。

案例二：某街头小游园景观设计，场地自拟，环境自定，面积不小于 1 500 m^2。完成一套方案汇报文本。

案例三：某居住区中心绿地景观设计，场地自拟，环境自定，面积不小于 3 000 m^2。完成一套方案汇报文本。

附录　中乐公园世家环境景观设计

目　　录

景觀設計 LANDSCAPE　中乐公园世家环境景观设计　目录

设计说明

一、项目概况
本项目位于张家界市城区内，南临子午路，西邻大庸路，在东、北两面皆有城市道路贯通。这使地块的交通更加的便利。地块的西面有现有的河流无事溪，南面有大庸桥公园，这不仅使地块的景观价值大大地提升，更给地块提供了更完备的休闲配套。地块整体呈梯形，南北面高差达6米，南面沿子午路东西高差3米左右。场地内的大高差给住宅的竖向设计带来难度，同时也增添了本楼盘建筑和景观的特色。
本地块用地性质为居住用地性质，总规划用地面积46389平方米，拟建设建筑密度不大于26%，容积率不大于4.0，绿地率不小于40%，建筑高度不超过80米的高层居住小区。南侧高层建筑裙楼和主体退离子午路道路红线应分别不少于10米和20米；西侧建筑退离无事溪岸线距离应不少于20米；北侧和东侧建筑的退界应不少于10米，并满足大寒日2小时的日照要求。

二、建筑环境设计依据
1、参考长政发[2005]34号文《长沙市人民政府关于印发〈长沙市建筑与环境规划设计管理规定〉的通知》；
2、参考长规发[2005]112《关于印发〈长沙市建筑与环境规划设计导则〉的通知》、长规发[2005]117号文《关于开展建筑环境设计审查工作的通知》、长规发[2006]48号文《关于印发〈建筑环境设计审查程序规定（试行）〉的通知》
3、土地红线图、道路上线图、现状地形图等基础资料；
4、建筑设计思路：
建筑单体是小区的主角，其构成元素主要有功能、空间、体形与外观立面。
我们倡导一种健康、优雅、休闲的生活品位。即艺术化建筑与艺术化人生的协调统一，无论建筑内外，处处都是舒适的、优雅的、可欣赏的。我们注重个性和特色的塑造，增强住宅区的识别性、领域感和归属感，为每层住户创造良好的室内住居空间，功能分区明确，朝向通风采光良好，景观视野开阔、优美。
典雅、高贵，是我们在这里体现的一种建筑美，它是一种精心打造、表里如一的内涵，一个人文的延续。我们遵循这个设计思想，在整体规划、住宅单体和环境设计上使用这些具有文化气息的建筑语言，力求达到和谐美。

三、建筑环境设计说明
1、建筑效果：
张家界市作为湘西北土家族、苗族的聚居地，它受地理、人文环境的影响，有着自然独特的历史延续和发展轨迹，文化底蕴深厚。本案延续市政府开展的城市“穿衣戴帽”改造工程主格调，但并不是一味的仿古，根据本案所属的区位，应同时体现城市新面貌，因而考虑采用新中式古典主义风格，简约素白的表现形式再现一幅中式建筑古典情调的美丽画卷，同时注重建筑第五立面的造型和色彩设计，局部采用灰黑色坡屋顶，造就了丰富的立面效果以及良好的景观视觉环境，使“以人为本”的景观原则融入到居住区域，从而达到改善居住质量的目的，从文化内涵和生活模式的层面充实小区的精神实质，给人们带来精致而亲切的美感。
外立面采用高档涂料及面砖，建筑底部采用深色石材，裙房及门厅部分为深色天然石材，建筑整体清新典雅，阳台、露台、屋顶、山墙等，力求各个尺度的搭配、对比、错落都协调精致，使居住者感到无处不在的和谐，更完美的烘托了高档社区处处追求高品质的设计主旨。

2、环境景观设计原则：
利用现代、时尚的表现手法来营造一个具有时代气息又蕴涵古典园林韵味的人性化人居环境。追求现代园林的视觉效果，强调古典园林的意境氛围，注重与城市生态环境相融合。主要从以下几方面入手：
（1）以人为本作为规划的首要前提，在现实和理想之间寻求最佳方式，营造人性化的居住环境，以小区常住人士为环境设施的主要服务对象，从而为居住者创造一个便于彼此沟通交往、温馨亲和的社交场所和环境空间。
（2）围绕整个小区的建筑风格，结合社区长期发展的人文需求，注重外部居住环境，使建筑与环境布置相协调、统一，以体现整个小区的环境特色，形成艺术街坊，从而提高小区居住生活品质。
（3）注重生态效应，利用乔、灌木和地被的相互配置营造人工植物群落，利用层次、色彩、树型的变化，强调园林环境的空间感，从而为小区创造出和谐有序，自然舒适的环境空间。
3、环境景观设计：
根据小区富有弹性的规划空间，以建筑组成的空间为依据，将本小区划分为一个主入口广场、中心花园（包括中心广场、阳光草坪、次入口广场）、健身娱乐区、商业铺装区、景观组团空间及滨水休闲区，各区域既相互独立又彼此联系，从而形成整个小区层层推进的空间感，又能创造步移景移的可驻留空间。
中心花园：
中心花园是本小区规划中最集中且面积最大的组团。它以中心广场为核心，结合跌水景墙、景观方亭、微地形土坡、树池座凳、景观矮墙，利用栈道、汀步及其他形式的园路相互联系，营造了一个优雅、舒适的公共交流空间。空间上有轴线的大气和通透，亦有小空间的分割，通过植物群落的遮挡，视线似透非透有中国古典园林的含蓄，也有现代园林的气息和气势。

主入口广场：
主入口广场的处理手法是由树形优美的乔木成列对称种植，形成良好的秩序感，引导人们的视线聚焦到中心广场的泻水景墙对景节点上。构成了一处动感、壮观的入口标志景观。利用地面铺装图案勾勒了一个入口“广场”，丰富了小区的景观，提升了小区的品位。
组团空间：
1、5号栋之间的宅间绿地在景观规划中考虑到便捷性及实际需要，与其他栋之间的绿地都由流畅园路相互贯通，并根据实际需要，针对性地设计了户外健身器械区、休闲场所，营造了一处便捷的、舒适的活动场所。其他相对零散、面积较小的宅间绿地主要以植物造景为表现手法，结合消防通道、园路、入户道路的设计及配套设施的安置、景观小品的点缀，为小区业主提供了一个温馨、舒适的居住环境。
健身娱乐区域：
在1、2号栋之间设计了儿童娱乐区及羽毛球场，为小孩提供了塑胶地面及其他游戏器材，并结合儿童心理特征及习性，以安全为首要因素，设计了色彩鲜艳、造型巧妙的儿童游乐设施（以大型塑料玩具为主），以组合玩具和单体玩具相结合，来体现儿童游戏区域的特色。临水区域设计了老人休闲场所，以花架廊为主景，结合艺术铺装小广场及配套设计，为老人提供了一个交流、棋牌娱乐的活动场所。

交通及消防系统：
本案沿子午路设计开放性公共空间作为入口广场，为保证社区内静谧的生活氛围，小区内交通尽量以人行为主，车行主干道主要为消防车通行，以主干道环绕中心景观，串联至各幢住宅。本案步行系统除在主入口结合车行系统外，在社区内部结合景观绿化设计蜿蜒连接各景观节点。并与车行主干道互不干扰，保证了中心景观的完整性和行人的安全性，也更好地保证了中心花园的实用性。所有在消防登高扑救面范围内的绿地，在设计中均无设计构筑物；无设计成群大乔木；无水面及坡地，都满足消防要求。

四、工程造价概算：

临街商业铺装部分：	120万
广场及道路铺装部分：	130万
绿化部分：	280万
园建小品部分：	45万
亮化照明部分：	35万
绿化给排水部分：	20万
种植土及土方部分：	60万

园林景观工程总造价：690万元

景觀設計　LANDSCAPE　中乐公园世家环境景观设计　设计说明　02

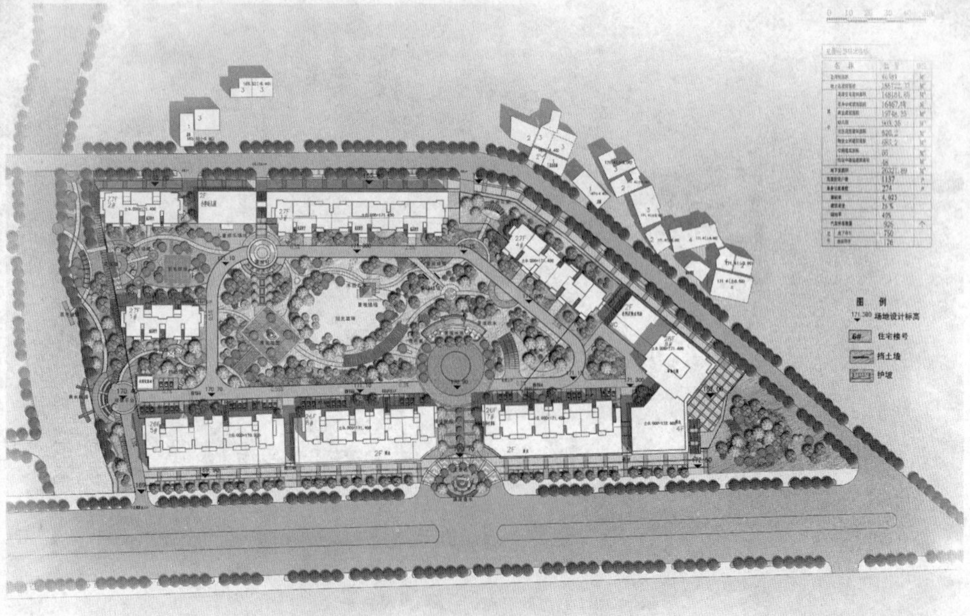

景觀設計　LANDSCAPE　中乐公园世家环境景观设计　景观总平面图　03

景觀設計 LANDSCAPE　中乐公园世家环境景观设计　功能分区图　04

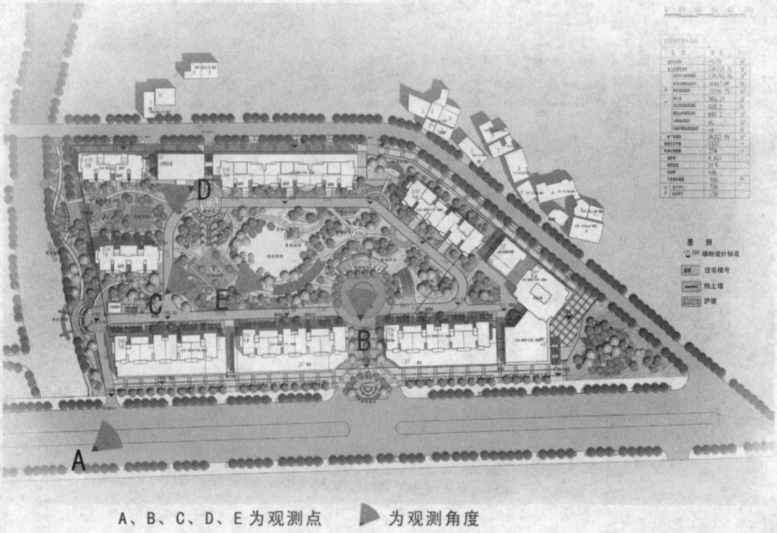

A、B、C、D、E为观测点　为观测角度

景觀設計 LANDSCAPE　中乐公园世家环境景观设计　效果图索引　05

景觀設計 LANDSCAPE　中乐公园世家环境景观设计　A项目鸟瞰图　06

景觀設計 LANDSCAPE　中乐公园世家环境景观设计　B中心广场透视图　07

景觀設計 LANDSCAPE　中乐公园世家环境景观设计　C次入口广场透视图　08

景觀設計 LANDSCAPE　中乐公园世家环境景观设计　D健身娱乐区透视图　09

景觀設計 LANDSCAPE 中乐公园世家环境景观设计 E阳光草坪透视图 10

景觀設計 LANDSCAPE 中乐公园世家环境景观设计 道路景观处理意向 11

景觀設計 LANDSCAPE　中乐公园世家环境景观设计　户外设施选型　12

景觀設計 LANDSCAPE　中乐公园世家环境景观设计　灯具配置意向　13

景觀設計 LANDSCAPE 中乐公园世家环境景观设计 铺装材料意向 14

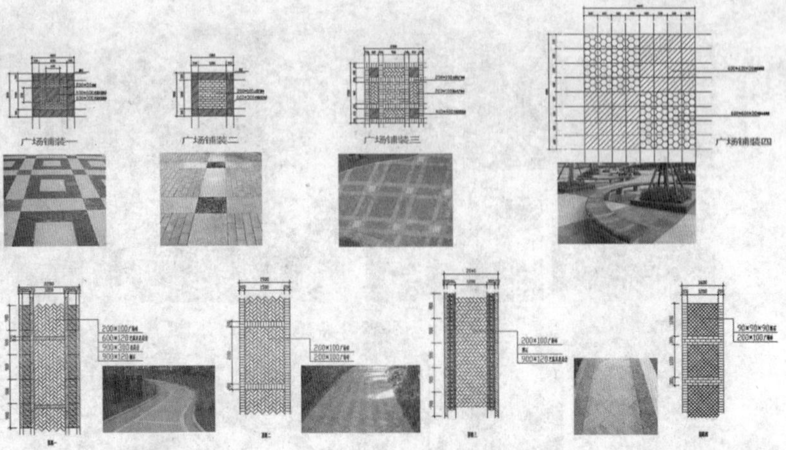

景觀設計 LANDSCAPE 中乐公园世家环境景观设计 铺装材料意向 15

樱花　桂花　银海枣　国槐　紫荆　茶花
紫叶小檗　重阳木　栾树　红花檵木　鸡爪槭
香樟　紫玉兰　竹柏　锦带　七叶树　金叶女贞

景觀設計 LANDSCAPE　中乐公园世家环境景观设计　主要节点植物意向　16

五角枫　桂花　广玉兰　杜英　大叶女贞　茶花
乐昌含笑　榆叶梅　栾树　小叶紫薇　白桃
香樟　紫玉兰　竹柏　梧树　喜树　石楠

景觀設計 LANDSCAPE　中乐公园世家环境景观设计　道路及宅间绿地植物意向　17

[illegible]	[illegible]	[illegible]		[illegible] cm	[illegible] cm	[illegible] cm	[illegible]
1		[illegible]	A	26-28	500-550	900-1000	[illegible]250[illegible]
				23-25	400-500	800-850	
2		[illegible]	A	22-25	500-600	900-1000	[illegible]600[illegible]
				18-20	400-500	550-600	
3		[illegible]	A	25	350-400	1200	[illegible]180-200[illegible]
				18-20	300-350	700-800	
4		[illegible]	A	23-25	450-500	600-650	[illegible]
				10-12	350-400	350-400	
5		[illegible]			300-350	[illegible]550-600	[illegible]
6		[illegible]		15-18	250-300	450-500	[illegible]
7		[illegible]	A		200-250	[illegible]250-300	
					150-200	[illegible]50-100	
8		[illegible]	A	18-20	450-500	600-700	[illegible]
			B	15-18	400-450	500-700	
9		[illegible]		15-18	400-450	500-700	
10		[illegible]			250-300	[illegible]150-200	
11		[illegible]		26-28	500-550	900-1000	
12		[illegible]		12-15	300-350	600-700	[illegible]
13		[illegible]		18-20	350-400	450-500	[illegible]
14		[illegible]		15-18	400-450	600-700	[illegible]
15		[illegible]		18-20	450-500	700-750	[illegible]180-220cm
16		[illegible]		[illegible]12	250-300	300-350	
17		[illegible]		[illegible]10	200-250	300-350	[illegible]
18		[illegible]		20-22	600-700	700-800	
19		[illegible]		8-10	250-300	250-300	
20		[illegible]		5-6	180-200	250-300	
21		[illegible]		10-12	250-300	300-350	
22		[illegible]		13-15	250-300	350-400	[illegible]
23		[illegible]		15-18	150-200	650-700	
24		[illegible]		18-20	450-500	700-750	
25		[illegible]		4-8	200-300	350-400	
26		[illegible]		8-10	250-300	300-350	
27		[illegible]		6-8	150-180	200-220	[illegible]
28		[illegible]		10-12	200-250	350-400	[illegible]30cm
29		[illegible]		7-8	200-250	250-300	[illegible]
30		[illegible]			180-200	180-200	[illegible]
31		[illegible]		5-6	150-200	150-200	[illegible]
32		[illegible]		6-7	150-200	250-300	
33		[illegible]		6-8	120-150	150-200	
34		[illegible]		6-7	150-200	250-300	
35		[illegible]		5-6	150-200	250-300	
36		[illegible]		5-6	150-200	250-300	
37		[illegible]					
38		[illegible]			150-200	250-300	
39		[illegible]		6-7	150-200	250-300	
40		[illegible]			200-250	300-350	

景觀設計 LANDSCAPE　中乐公园世家环境景观设计　主要植物配置名录表　18

参考文献

[1] 俞孔坚,李迪华.景观设计:专业学科与教育[M].北京:中国建筑工业出版社,2003.
[2] 吴家骅.景观形态学[M].叶南译.北京:中国建筑工业出版社,2003.
[3] 林玉莲,胡正凡.环境心理学[M].中国建筑工业出版社,2006.
[4] 顾小玲.景观设计艺术[M].南京:东南大学出版社,2004.
[5] [美]弗朗西斯·D.K.建筑:形式.空间和秩序[M].邹德侬,方千里译.北京:中国建筑工业出版社,1987.
[6] 于正伦.城市环境创造——景观与环境设施设计[M].天津:天津大学出版社,2003.
[7] [美]约翰·O.西蒙兹.景观设计学——场地规划与设计手册[M].3版.俞孔坚,王志芳,孙鹏译.北京:中国建筑工业出版社,2008.
[8] [美]尼古拉斯·T.丹尼斯,凯尔·D.布朗.景观设计师便携手册[M].刘玉杰,吉庆萍,俞孔坚译.北京:中国建筑工业出版社,2002.
[9] [美]莱诺·G.汉尼鲍姆.园林景观设计实践方法[M].宋力译.沈阳:辽宁科学技术出版社,2004.
[10] 王晓俊.风景园林设计[M].南京:江苏科学技术出版社,2009.
[11] 李嘉乐.园林绿化小百科[M].北京:中国建筑工业出版社,2001.
[12] 王浩.园林规划设计[M].南京:东南大学出版社,2009.
[13] 杨赉丽.城市园林绿地规划[M].北京:中国林业出版社,1999.
[14] 夏建统.对岸的风景——美国现代园林艺术[M].昆明:云南大学出版社,2001.
[15] 王浩,谷康,孙新旺,等.城市道路绿地景观规划[M].南京:东南大学出版社,2005.
[16] [日]奉田幸夫.风景建筑小品设计图集[M].北京:中国建筑工业出版社,1999.
[17] 周俭.市住宅区规划原理[M].上海:同济大学出版社,1999.
[18] 钱健,宋雷.建筑外环境设计[M].上海:同济大学出版社,2001.
[19] 周维权.中国古典园林史[M].北京:清华大学出版社,1999.
[20] 陈志华.外国造园艺术[M].郑州:河南科学技术出版社,2013.
[21] 卢仁.园林建筑[M].北京:中国林业出版社,2000.
[22] 王柯.城市广场设计[M].南京:东南大学出版社,1999.
[23] 田中.京城滨水新景观——北京通州运河城市景观设计[J].中国园林,2007.
[24] 刘小颖,沃特·佛斯.自然风——融合的滨水景观设计[M].大连:大连理工大学出版社,2005.
[25] 张庭伟,冯晖,彭治权.城市滨水区设计与开发[M].上海:同济大学出版社,2002.